Kann ein Mensch an einem Tag mehr als 150 Liter Harn produzieren? Können Fische auf Bäume klettern und Flugzeuge
in der Luft stehenbleiben?

Zahlreiche verblüffende Erscheinungen können wir uns
nicht erklären, und dennoch sind sie wahr und wissenschaft-
lich belegbar. Wie, das erklärt der Mediziner und Biologe
Jürgen Brater für jedermann leicht verständlich und äußerst
unterhaltsam.

Dr. Jürgen Brater, 1948 in Ostfriesland geboren, schloss 1972
das Studium der Medizin und Zahnmedizin an der Universität Erlangen mit Promotion ab. 1976 ließ er sich in eigener
Zahnarztpraxis in Aalen nieder. Seit 2003 ist er darüber hinaus als Biologielehrer an einem Abendgymnasium und er-
folgreicher Autor zahlreicher Bücher tätig. Er lebt mit Familie
und Hund in Aalen.

Unsere Adresse im Internet: www.fischerverlage.de

Jürgen Brater

Lexikon der verblüffenden Erkenntnisse
Nie Gehörtes aus Medizin, Biologie und Sport

Fischer Taschenbuch Verlag

Originalausgabe

Veröffentlicht im Fischer Taschenbuch Verlag,
einem Unternehmen der S. Fischer Verlag GmbH,
Frankfurt am Main, Januar 2010

© S. Fischer Verlag GmbH, Frankfurt am Main 2009
Satz: pagina GmbH, Tübingen
Druck und Bindung: CPI – Clausen und Bosse, Leck
Printed in Germany
ISBN 978-3-596-18432-3

Inhalt

Babys haben viel mehr Knochen als Erwachsene • Die Bestandteile eines Menschen reichen zigmal von der Erde zum Mond • Man kann seine Muskeln durch Denken stärken • Jeder Mensch bewegt sich mit mehr als 1000 Stundenkilometern • Mit kurzen Beinen läuft man genauso schnell wie mit langen • Ein Mensch produziert täglich rund 170 Liter Harn • Jeder kann auf einem Nagelbrett liegen, ohne sich zu verletzen • Ein Mensch kann 10.000 Bücher auswendig lernen • Jeder Mensch trägt 300 Kilo auf seinem Kopf • Ein Erwachsener kann in kurzer Zeit vier Zentimeter wachsen und wieder schrumpfen • Die Haare eines Menschen können 12 Tonnen Gewicht tragen • Ein Mensch kann ohne Ausrüstung tiefer als 200 Meter tauchen • Ein Mensch verliert bei bester Gesundheit kiloweise Haut

Krankheit und Leid – Verblüffende Auslöser und Heilmethoden 116

Raucher verursachen geringere Krankheitskosten als Nichtraucher • Schmerztabletten können Schmerzen auslösen • Man kann inmitten von reichlich Sauerstoff ersticken • Maden heilen menschliche Wunden • Wer unter Platzangst leidet, kann problemlos Aufzug fahren • Eine einzige Zigarette verursacht im Körper zigtausend Schäden • Ein Mensch kann einen anderen totbeißen

Männer – Oft alles andere als männlich 127

Auch ein sterilisierter Mann kann Kinder zeugen • Auch ein Mann mit Erektion kann impotent sein • Auch Männer haben Brüste • Auch Männer bekommen Brustkrebs

zugehaltenen Ohren am lautesten • Nicht vorhandenen Mundgeruch kann man riechen

Trinken – Wahres, nicht nur vom Wein

Man kann unbedenklich destilliertes Wasser trinken • Man kann mehr Flüssigkeit ausscheiden als man trinkt • Frischmilch ist genauso lange haltbar wie H-Milch • In einer Waschmaschine kann man Bier brauen • Man kann Wein zu Schnaps kühlen • Heißer Kaffee kühlt umso schneller ab, je später man kalte Milch hineinschüttet • Man kann eine geschlossene Dose Cola light von einer Normal-Cola unterscheiden • Wer bei Kälte Schnaps trinkt, erfriert leichter

Urlaub – Sonniges von Sport und Spiel

Man kann stundenlang in der Sonne liegen, ohne einen Sonnenbrand zu bekommen • Ein Ball kann nach dem Aufspringen schneller sein als vorher • Je länger man Roulette spielt, desto sicherer verliert man

Wasser – Die gar nicht so klare Flüssigkeit

Wasser kann trocken sein • Man kann Wasser in einem Pappbecher kochen • Man kann Wasser ohne Erhitzen verdampfen • Vier Tassen Zucker passen in eine einzige Tasse Wasser • Ein Eimer Wasser wird schwerer, wenn man einen Finger hineintaucht

Wissenschaft und Technik – Nichts ist unmöglich

Computer können mitfühlen • Jeden vierbeinigen Tisch kann man so drehen, dass er nicht wackelt • Rot plus Grün ergibt Gelb • Man kann einen Kanister zusammenquetschen, ohne ihn zu berühren • Bierdeckel können einen Menschen anheben • Schatten können farbig sein • Eckiges kann rollen • Zwei Liter können weniger als zwei Liter sein • Man kann aus einem Glas exakt die Hälfte herausschütten – ohne zu messen • Mit nur drei Ziffern kann man eine Zahl mit 370 Millionen Stellen schreiben • Ein Ei passt durch einen Flaschenhals • Mit den Steinen der Cheops-Pyramide kann man eine zwei Meter hohe Mauer um ganz Frankreich bauen

Abnehmen –
Schluss mit falschen Diät-Tipps

Wer weniger Sport treibt, nimmt stärker ab

Weniger und fettärmer essen sowie mehr Sport treiben sind die wirksamsten Maßnahmen, um nachhaltig Gewicht zu verlieren. Doch gerade was die körperliche Betätigung angeht, sollte man es nicht übertreiben, denn so paradox es klingt: Wer zwischen den einzelnen Aktivitätsphasen immer wieder längere Pausen einlegt, wer sich also weniger statt immer mehr abstrampelt, kurbelt seine Fettverbrennung nachweislich erheblich stärker an und nimmt daher schneller ab.

Bewiesen haben das japanische Wissenschaftler, die junge Männer auf einem Fahrradergometer in die Pedale treten ließen – eine Gruppe eine Stunde lang ohne Unterbrechung, die andere mit einer 20-minütigen Pause zwischen einer ersten und einer weiteren halben Stunde Training. Während des Versuchs überwachten die Ärzte Herz- und Atemtätigkeit der Probanden und entnahmen ihnen alle 15 Minuten Blut. Dessen Analyse ergab, dass die Fettverbrennung beim Sport mit Erholungsintervallen deutlich intensiver war als bei ununterbrochenem Training. Die Spaltprodukte der Fette – Glyzerin und Fettsäuren – stiegen besonders in der zweiten Übungsphase deutlich an, während sie bei den pausenlos strampelnden Versuchspersonen auf gleichem Niveau blieben. Zudem schüttete der Körper in der Pause zwischen den Trainingseinheiten weit mehr Adrenalin aus als während der ununterbrochenen Quälerei. Das förderte das Abnehmen noch einmal deutlich, unterstützt Adrenalin doch wirksam die Fettverbrennung. Und es gab noch weitere biochemische Anzeichen für einen höheren Stoffumsatz während des Intervalltrainings: die niedrigen Insulinwerte der Probanden. Die sind nämlich ein deutlicher Hinweis darauf, dass weniger Zucker, dafür aber umso mehr Fett verbraucht wird.

»Die meisten Abnehmwilligen glauben, möglichst intensiv zu trainieren, sei die beste Methode, um überschüssiges Fett loszuwerden«, erklärt der Forschungsleiter Kazushige Goto von der Universität Tokio, »doch unsere Studie beweist eindeutig, dass wiederholte, kürzere Übungseinheiten erheblich mehr bringen.«

Sollten Sie auch zu denjenigen gehören, die zwar gerne ein paar Pfunde weniger hätten, aber vor langen, anstrengenden Sporteinlagen zurückschrecken, müssten die japanischen Erkenntnisse Ihnen eigentlich Mut machen. Sich körperlich zu betätigen, hilft zweifellos beim Abnehmen, aber weniger ist dabei oft mehr.

Süßstoff macht dick

Wer glaubt, er könne abnehmen, indem er statt Zucker Süßstoff in Kaffee oder Tee schüttet, sollte sich einmal mit Schweinemästern unterhalten. Die verwenden nämlich derartige Substanzen, um ihre Tiere möglichst rasch in einen schlachtreifen Zustand zu bringen, sprich: um ihr Gewicht zu erhöhen! Zwar müssen wir Menschen zum Glück nicht mit einem solch harten Schicksal rechnen, doch unser Körper reagiert auf den Süßstoff kein bisschen anders als der der Borstentiere. Denn wie der Name schon sagt, ist Süßstoff süß, und süßen Geschmack interpretiert unser Gehirn seit Urzeiten als Signal, dass aus dem Mund gleich Zucker in den Magen gerutscht kommt und kurz danach im Blut erscheint. Prompt löst es die erforderlichen Maßnahmen aus und schickt an die Bauchspeicheldrüse den Befehl, unverzüglich Insulin auszuschütten. Das hat die Aufgabe, den erwarteten Zucker möglichst rasch in die Zellen zu transportieren, wo er für die Energieerzeugung benötigt wird. Folge: Der süße Powerlieferant verschwindet aus dem Blut, und der sogenannte »Blutzuckerspiegel« sinkt wieder auf den Normalwert.

Nun erscheint im Blut aber gar kein Zucker, sondern Süßstoff, mit dem das Insulin absolut nichts anzufangen weiß. Da es aber nichts anderes kann, als Zucker aus dem Blut in die Zellen zu bugsieren, greift es eben auf den dort vorhandenen zurück und sorgt so für ein massives Absinken der Blutzuckerkonzentration. Einen niedrigen Blutzuckerspiegel wertet unser Körper aber sofort als Alarmsignal und löst umgehend ein Hungergefühl aus, das uns veranlassen soll, das Defizit möglichst schnell zu beheben. Der Süßstoff – eigentlich dazu gedacht, Kalorien zu sparen – macht also hungrig und zwingt denjenigen, der ihn verwendet, dazu, möglichst rasch möglichst viel zu essen.

Dass Süßstoff tatsächlich hungrig macht und zur Nahrungsaufnahme verführt, beweist ein Experiment, bei dem sich vier Gruppen von Probanden zum Frühstück vier verschiedene Joghurts schmecken lassen mussten: einen naturbelassenen, einen ungesüßten mit Stärkezusatz, einen mit Zucker und einen mit Süßstoff. Den Rest des Tages konnten sie essen und trinken, was und so viel sie wollten. Schon nach kurzer Zeit war das Ergebnis eindeutig: Diejenigen, die den Süßstoff-Joghurt verspeist hatten, waren anschließend nicht nur am hungrigsten, sondern aßen bis zum Schlafengehen auch signifikant mehr als die Teilnehmer der Kontrollgruppen.

Wer Gewicht verlieren will, sollte also besser möglichst wenig Zucker verwenden oder ganz darauf verzichten; dann kurbelt er nicht unnötig die Insulinproduktion an. Ihn durch Süßstoff zu ersetzen, setzt einen fatalen Prozess in Gang, an dessen Ende der Abnehmwillige zwangsläufig mehr wiegt als zuvor.

Ein Mensch kann mehr als acht Zentner abnehmen

Der Amerikaner John Brower Minnoch hält einen Weltrekord, den ihm wohl so schnell niemand streitig machen wird: Er ist oder besser gesagt war der schwerste Mann, seit es über das menschliche Gewicht exakte Aufzeichnungen gibt. Er wurde im Jahr 1941 geboren und wog 1963, also im Alter von 22 Jahren, bei einer Körpergröße von 1,85 Metern bereits 178 Kilo. Doch danach legte er erst richtig zu, wurde von Jahr zu Jahr dicker und unbeweglicher und erreichte im Jahr 1978, mit gerade einmal 37 Jahren, sein Rekordgewicht von unglaublichen 635 Kilo oder mehr als 12 ½ Zentnern. Er konnte praktisch nicht mehr laufen, bekam nur noch mit Mühe Luft und drohte an allgemeiner Verfettung zu sterben. Schließlich wurde er mit lebensbedrohlichen Herz- und Lungenfunktionsstörungen ins Krankenhaus eingeliefert.

Von da an unterzog er sich einer strengen Diät und ging dabei derart rigoros zu Werk – er nahm unter strenger ärztlicher Aufsicht täglich nur noch 1200 Kilokalorien zu sich –, dass er in 16 Monaten zwei Drittel seines Gewichts verlor und am Ende »nur« noch 216 Kilo wog. Das sind zwar immer noch mehr als 4 Zentner, doch gegenüber seinem Rekordgewicht hatte Minnoch damit unfassbare 419 Kilo (!) abgespeckt. Welch gewaltiger Masseverlust das ist, wird deutlich, wenn man den Abnahmeerfolg pro Woche ausrechnet. Denn 419 Kilo in 16 Monaten bedeuten, dass Minnoch fast eineinhalb Jahre lang wöchentlich mehr als 6 Kilo verloren hat! So mancher wäre froh, wenn er das bei einer Diät insgesamt schaffen würde!

Allerdings ging es dem Amerikaner leider so wie vielen, die sich mühsam Pfund um Pfund abhungern: Der Erfolg war nicht von langer Dauer. Denn nachdem er mit besagtem Gewichtsverlust 216 Kilo erreicht hatte, war es mit Minnochs Selbstbeherrschung rasch vorbei, und er langte beim Essen erneut richtig zu. Als er am 10. September 1983, also mit nur 42 Jahren, starb, brachte er wieder mehr als 360 Kilo auf die Waage.

Bakterien –
Unsichtbare Alleskönner

Die Nachkommen eines einzigen Bakteriums können die gesamte Erde bedecken

Neben dem Streben nach Nahrungsaufnahme ist die Fortpflanzung das zweite fundamentale Bedürfnis jedes Lebewesens. Es ist wirklich erstaunlich, welch immense und in unseren Augen nicht selten groteske Anstrengungen Tiere und Pflanzen unternehmen, um ihre Art zu erhalten, wobei das im Erfolgsfall oft, aber durchaus nicht immer, mit Vermehrung einhergeht. Ein Geschlechtspartner ist dabei vielfach gar nicht erforderlich, denn zahlreiche Lebewesen sind problemlos in der Lage, sich auch ohne einen solchen, sprich: ungeschlechtlich, zu vermehren. So erzeugen viele Pflanzen ganz einfach Nachkommen, indem sie einfach Ableger bilden, und winzige Bakterien vermehren sich voller Eifer, indem sie sich schlicht teilen, so dass aus einem einzigen Individuum zwei, aus diesen beiden vier, dann acht und so weiter werden.

Auf diese Weise können die in unserem Darm lebenden Kolibakterien ihre Anzahl, sofern es ihnen an nichts mangelt, alle 20 Minuten glatt verdoppeln. Das bedeutet, dass ein einziges Bakterium – und in unserem Darm hausen ungeheure Mengen davon – über Nacht bis zu 100 Millionen Nachkommen hervorbringen kann. Würde dieses immense Vermehrungstempo anhalten (was es zum Glück wegen des dramatisch zunehmenden Nahrungs- und Platzmangels nicht tut), so gäbe es nach 36 Stunden genügend Bakterien, um damit die gesamte Erdoberfläche in einer etwa 30 Zentimeter hohen Schicht zu bedecken.

Bakterien produzieren elektrische Leitungen

Sie heißen *Geobacter sulfurreducens* und verraten dem Kundigen damit schon recht genau, worum es sich bei ihnen handelt. Denn der Name bedeutet so viel wie »Schwefel reduzierendes Erdbakterium«, sagt also aus, dass die winzigen Organismen erstens in der Erde leben (genaugenommen hausen sie bevorzugt unter Luftabschluss in Faulschlamm) und dass sie zweitens die zum Leben unabdingbare Energie dadurch erzeugen, dass sie Schwefel zu Schwefelwasserstoff (der Substanz, die faule Eier stinken lässt) reduzieren. Damit verwenden sie den Schwefel genau zu demselben Zweck wie wir Menschen den eingeatmeten Sauerstoff: um ihn letztlich mit Energie lieferndem Wasserstoff zu verbinden. Bei uns ist das Endprodukt dieser lebenswichtigen Reaktion Wasser (H_2O), bei den Bakterien eben besagter Schwefelwasserstoff (H_2S). Schon allein an diesen beiden sehr ähnlichen chemischen Formeln sind die Parallelen unübersehbar. Die Energie, die die Bakterien aus diesem Prozess gewinnen, nutzen sie zu vielerlei Tätigkeiten, unter anderem dazu, im Erdboden giftige Stoffe wie radioaktives Material oder ins Grundwasser gelangtes Heizöl unschädlich zu machen.

Kein Wunder daher, dass die Wissenschaftler schon bald auf die überaus nützlichen Gesellen aufmerksam wurden und versuchten, ihr segenreiches Wirken für uns Menschen nutzbar zu machen. Und dabei stießen sie auf eine weitere Eigenschaft der kleinen Tausendsassas, die all ihre anderen Begabungen sogar noch weit in den Schatten stellt: Sie sind in der Lage, winzige fadenförmige Anhänge zu bilden, die dann aus ihrem Zellkörper herausragen und überaus bemerkenswerte Qualitäten besitzen: Sie sind nur etwa 3 bis 5 Nanometer (millionstel Millimeter) dünn, dabei aber mehrere Mikrometer (tausendstel Millimeter) lang. Und sie leiten ganz hervorragend elektrischen Strom. Das hat mit besagtem Energiestoffwechsel zu tun, bei dem die auf den Schwefel übertragenen Wasserstoff-Elektronen durch diese extrem feinen »Drähte« geschleust werden. Von denen hoffen die Forscher nun, sie demnächst in Ministromnetzen zur Versorgung ultrafeiner Laborchips, empfindlicher Biosensoren oder bioelektrischer Schaltungen verwenden zu können.

Dabei gibt es jedoch ein Problem: Da die Bakterien ausschließlich unter Sauerstoffabschluss gedeihen, lassen sie sich nur äußerst mühsam kultivieren. Da ist es ein Glück, dass man mittlerweile das Gen ermittelt hat, das für die Produktion der Ministromleiter verantwortlich ist. Das müsste man jetzt eigentlich »nur« noch in andere, einfacher zu züchtende Mikroorganismen – etwa die berühmten und bei Gentechnikern überaus beliebten Kolibakterien – einschleusen, dann würden diese ebenso wie *Geobacter sulfurreducens* ganz von selbst die hauchdünnen Drähte erzeugen. Doch dieser Gentransfer erweist sich als unerwartet kompliziert. Dennoch scheint es nur eine Frage der Zeit zu sein, bis die hauchfeinen Drähte in der immer mehr aufblühenden Nanotechnik Entwicklungen ermöglichen, die wir uns in ihrer Winzigkeit und Leistungsfähigkeit heute noch gar nicht vorstellen können.

Erde und Weltall –
*Von wahnsinnigen Rasern
und wechselwarmen Orten*

In einer Sekunde siebenmal um die Erde – das geht

Natürlich ist es kein Satellit, kein Meteorit und auch kein UFO, was da mit einem derart gigantischen Tempo unterwegs ist, dass es in einer einzigen Sekunde siebenmal um die Erde – und zwar an ihrer dicksten Stelle – rast. Nein, es gibt nur ein einziges »Gebilde«, das das schafft, nämlich das Licht. Mit rund 300.000 (genaugenommen 299.792,458) Kilometern pro Sekunde breitet es sich derart schnell aus, dass man mit Fug und Recht von »unvorstellbar« sprechen kann. Umgerechnet in eine uns geläufigere Einheit ergibt das nämlich eine Geschwindigkeit von 1.079.252.849 (1 Milliarde 79 Millionen 252 Tausend 849) Stundenkilometern, und das ist mehr als 27.000-mal so schnell wie das höchste, jemals von einem menschlichen Erzeugnis erreichte Tempo. Dieses wurde am 26. Mai 1969 von der Apollo-10-Rakete erzielt und betrug immerhin fast 40.000 (exakt 39.897) Stundenkilometer, ein zwar um den Multiplikationsfaktor 27.000 (!) geringerer, aber dennoch ebenfalls höchst imposanter Wert.

Der Vollständigkeit halber soll noch erwähnt werden, dass Licht dieses enorme Tempo nur im Vakuum erreicht. Muss es auf seinem Weg irgendeine Materie durchdringen, wird es von dieser mehr oder minder stark abgebremst. Das liegt an komplizierten Wechselwirkungen mit den Molekülen dieser Materie, auf die wir hier nicht näher eingehen wollen. Fakt ist jedenfalls, dass die Lichtgeschwindigkeit in Wasser »nur« noch rund 225.000 und in Gläsern mit hoher optischer Dichte gar bloß 160.000 Stundenkilometer beträgt.

> **Wenn Sie eine Wette gewinnen wollen,**
> … *wetten Sie doch mal mit einem Physiklehrer, Licht lasse sich ganz einfach abbremsen.*

Handschuhe fliegen mit Tempo 20.000 durch die Gegend

Am 5. Oktober 1957 begann mit dem russischen »Sputnik 1« die Ära der Weltraumfahrt, und seitdem brachten knapp 6000 Raketen zahllose Satelliten ins All. Von denen sind bis heute allerdings nur noch etwa rund 1000 in Betrieb, der Rest schwirrt als Müll um die Erde. Man spricht in diesem Zusammenhang auch von »Weltraumschrott« und meint damit nicht nur ausgediente Satelliten, sondern auch nutzlos gewordene Raketenstufen, ausgebrannte Treibstofftanks, abgerissene Sonnensegel und jede Menge andere Dinge – unter anderem Bolzen, Spanngurte, Schraubenzieher, Kupferdraht und eben auch zwei Handschuhe, die ein Mitglied der Gemini-4-Besatzung verloren hat. Insgesamt werden heute mit Hilfe von Teleskopen und Radar mehr als 10.000 Trümmerteile überwacht.

Da einige davon so groß sind, dass sie für Raketen und Raumfähren eine ernsthafte Gefahr darstellen, gibt es seit längerem einen Katalog, in dem Objektnamen und Bahndaten der umherfliegenden Mülltrümmer präzise aufgezeichnet sind. Denn genau wie die Satelliten gehorchen diese den Gesetzen der Himmelsmechanik und lassen sich daher in Bezug auf Flugverlauf, -zeit und -geschwindigkeit exakt vorausberechnen. Das erlaubt den Planern von Raumflügen, mögliche Kollisionen von vornherein zu berücksichtigen und durch geschickte Auswahl des Startzeitpunkts sowie der Route zu vermeiden oder gegebenenfalls rechtzeitig Ausweichmanöver einzuleiten. Zu einem solchen sah sich die amerikanische Weltraumbehörde NASA beispielsweise am 21. Oktober 2005 veranlasst, als ihr Satellit »Terra« – ein sündhaft teures technisches Prachtstück, das brillante Bilder von der Erde aufnimmt und per Funk dorthin übermittelt – einer ausgedienten Scout-G1-Rakete so nah kam, dass akute Kollisionsgefahr bestand.

Doch geht die Hauptgefahr für Satelliten und Astronauten gar nicht so sehr von den größeren, einer präzisen Überwachung unterliegenden Trümmern, sondern vielmehr von den vielen Millionen (!) Kleinteilen aus, die wie Geschosse durch das All jagen. Immerhin beträgt die mögliche Geschwindigkeit bei einem Zusammenstoß bis zu 6 Kilometer pro Sekunde, was mehr als 20.000 Stundenkilometern (!) entspricht. Zum Vergleich: Eine Gewehrkugel erreicht nicht einmal ein Zehntel dieses Wertes.

Experten haben berechnet, dass durchschnittlich alle zehn Jahre ein solches Schrottteil eine Raumsonde schwer beschädigen oder gar vollkommen zerstören kann. Das klingt nicht sehr beunruhigend, doch wenn man bedenkt, dass die Kollision mit einem nur wenige Zentimeter großen Müllpartikel ausreicht, um einen mehrere Millionen Euro teuren Satelliten zu demolieren oder gar eine bemannte Raumstation ernsthaft zu beschädigen, sieht die Sache schon anders aus.

Zumal schwerwiegende Zusammenstöße tatsächlich schon passiert sind. So entdeckten Wissenschaftler im Jahr 1993 an einer Antenne des Weltraumteleskops »Hubble« ein zentimetergroßes Loch, und eine französische Raumsonde wurde durch einen Crash mit umherfliegenden Trümmern sogar total außer Gefecht gesetzt.

Und noch eine weitere ernsthafte Gefahr besteht. Denn etliche der Schrottteile bleiben – im Grunde glücklicherweise – nicht ewig im All, sondern stürzen irgendwann ab. Während kleinere Partikel dann beim Eintritt in die Erdatmosphäre restlos verglühen, sind größere und schwerere Trümmer durchaus in der Lage, diese zumindest in Teilen zu durchdringen und dann mit Wucht auf der Erde aufzuschlagen. So wie am 13. Januar 2005 ein mehrere Kilo schweres Satellitenmodul, das sich in der Nähe von Bangkok in einer zum Glück unbewohnten Gegend in den Boden bohrte.

Es ist also höchste Zeit, die lawinenartige Zunahme des gefährlichen Weltraummülls zu stoppen. Zu diesem Zweck haben Experten vorgeschlagen, mit Hilfe von Robotern an ausgedienten Teilen Konstruktionen anzubringen, die eine Zunahme der Reibung mit der Restatmosphäre und damit einen kontrollierten Absturz bewirken. Andere Pläne sehen spezielle Bergungssatelliten vor, die unnütze Schrottteile auf eine um rund 300 Kilometer höhere und damit weitgehend ungefährliche Umlaufbahn bugsieren sollen. Doch das ist alles noch Zukunftsmusik.

Sollten Sie also irgendwann das Vergnügen haben, als zahlender Weltraumtourist in einer Raumkapsel durch das All zu fliegen, so kann es durchaus sein, dass Ihnen irgendwo weit über der Erde ein ausgedienter Handschuh entgegengeschossen kommt oder Sie gar mit irrsinnigem Tempo überholt.

Eine Mondlandung lässt sich
mit einem Taschenrechner steuern

Als die Amerikaner ihre erste Mondlandung planten, die sie dann bekanntermaßen im Jahr 1969 erfolgreich abschlossen, mussten sie sich notgedrungen mit den Computern behelfen, die seinerzeit zur Verfügung standen (freilich ohne auch nur annähernd abschätzen zu können, mit welcher Rasanz sich die elektronische Datenverarbeitung weiterentwickeln würde). So verwendeten sie für die Apollo-Mission einen Rechner mit einem für heutige Begriffe geradezu lächerlichen Arbeitsspeicher von gerade einmal vier Kilobyte und einer Taktrate von mehr als bescheidenen 100 Kilohertz, der pro Sekunde rund 40.000 Rechenschritte durchführen konnte. Damals war das ein durchaus beeindruckender Wert, heute sind jedoch schon die Computer, die man für relativ wenig Geld bei den verschiedenen Lebensmittel-Discountern kaufen kann, mehr als 10.000-mal schneller. Und selbst ein einfacher Taschenrechner kann mittlerweile, je nach Ausführung, pro Zeiteinheit mehr als die fünffache Datenmenge verarbeiten. Daraus allerdings den Schluss zu ziehen, jeder könne mit Hilfe seines Heimcomputers oder Taschenrechners seine eigene Mondlandung steuern, scheint jedoch reichlich gewagt.

Berge wachsen

Fragt man nach der Höhe des mächtigsten Berges der Erde, des im Himalaya gelegenen Mount Everest, so hört und liest man allenthalben, sein Gipfel befinde sich 8848 Meter über dem Meeresspiegel. Das ist zwar durchaus korrekt, aber dennoch nur eine vorübergehende Wahrheit. Denn die Höhe des

Everest nimmt ständig zu: pro Jahr zwar nur 5 Millimeter, doch selbst das summiert sich im Lauf langer Zeiten – und in denen muss man in der Geologie rechnen – zu durchaus beachtlichen Werten. Denn den Himalaya gab es keinesfalls schon immer, vielmehr wuchs er vor ungefähr 65 Millionen Jahren (in Bezug auf die Erdgeschichte ein eher bescheidener Wert) allmählich aus der Ebene in die Höhe. Der Grund liegt in der sogenannten »Plattentektonik«, derzufolge die Erdkruste aus mehreren getrennten Platten besteht. Die sind in grauer Vorzeit entstanden, nachdem die ursprünglich zusammenhängende äußere Schicht in sieben große und mehr als 20 kleine Teile zerbrochen ist. Jede einzelne dieser Platten ist bis zu 100 Kilometer dick und – das ist das Entscheidende – keineswegs starr auf der Oberfläche der Erdkugel fixiert, sondern zusammen mit den darauf befindlichen Ozeanen und Kontinenten unablässig in Bewegung.

Als Folge dieses Umherdriftens prallten vor besagten 65 Millionen Jahren die indoaustralische und die eurasische Kontinentalplatte zusammen. Das geschah zwar nur mit einer Geschwindigkeit von etwa 15 Zentimetern pro Jahr, doch dieses Tempo reichte aus, um den indischen Subkontinent (bis heute) etwa 2000 Kilometer weit unter die eurasische Platte zu drücken. Bei derartigen »Kontinentalverschiebungen« – so nennen das die Geologen – werden enorme Kräfte frei, die ohne weiteres in der Lage sind, Landmassen zu Gebirgen aufzutürmen. Und da die Drift der Erdkrustenschollen auch heute noch im Gange ist (und dies auch in Zukunft sein wird), sind die dadurch entstandenen Berge in permanenter Aufwärtsbewegung, wachsen also Jahr für Jahr ein klein wenig in die Höhe. Wer die Absicht hat, den Mount Everest zu besteigen, sollte sich daher beeilen!

Es gibt einen Ort mit einer jährlichen Temperaturschwankung von über 100 °C

Wenn das Thermometer bei uns im Sommer 30 °C überschreitet, empfinden wir das als außergewöhnlich heiß, und wenn es im Winter einmal auf minus 20 °C fällt, sprechen wir sofort von »Eiseskälte«. Immerhin beträgt der Temperaturunterschied zwischen plus 30 und minus 20 °C beachtliche 50 °C. Doch im Vergleich zu den extremsten Lebensräumen dieser Erde ist das ein höchst bescheidener Wert.

Den Rekord bezüglich der jahreszeitlichen Temperaturdifferenz hält Werchojansk in Sibirien. Der Winter dauert dort acht Monate, und in dieser Zeit ist es so hoch im Norden stockdunkel. Doch nicht nur das: Die Temperatur fällt dabei auf wahrhaft extreme Werte, von denen man sich gar nicht vorstellen kann, dass Menschen sie aushalten. Zwar schwankt sie natürlich – ebenso wie bei uns in Mitteleuropa – von Jahr zu Jahr, aber minus 50 °C erreicht sie im Winter allemal. Der Kälterekord wurde im Jahr 1885 von einem Verbannten des Zarenreichs (!) mit minus 68 °C gemessen.

Kein Wunder daher, dass alle Bewohner von Werchojansk sehnsüchtig auf den Sommer warten, eine nur wenige Monate während Zeitspanne, während der der Boden allerdings nur oberflächlich auftaut. Dann spielen die Jungen auf der längst verlassenen, matschigen Flugzeugpiste bis vier Uhr morgens Fußball, und die Bewohner schlendern in ihrem besten Sonntagsstaat durch den Ort. Wobei sie mit fortschreitendem Sommer immer weniger Kleidung brauchen, denn dann wird es glühend heiß – bis zu 37 °C (dem höchsten, dort jemals gemessenen Wert). Doch selbst diese Hitze reicht nicht aus, um den Dauerfrost aus dem Boden zu vertreiben. In zwei bis drei Metern Tiefe ist er sommers wie winters steinhart gefroren, und das nutzen die Bewohner, um ihre Lebensmittel vor dem Verderben zu schützen: Sie deponieren sie in der warmen Jahreszeit einfach in unterirdischen Speisekammern.

Die bislang gemessenen Temperaturextremwerte von Werchojansk differieren also innerhalb eines Jahres um sagenhafte 105 °C. Doch auch, wenn es im Sommer weniger heiß und im Winter nicht ganz so kalt wird, kann sich der Temperaturunterschied von dann »nur« noch 90 bis 95 °C sehen lassen. An keinem anderen von Menschen bewohnten Ort der Erde ist er höher.

Essen –
Falsch deklariert und skurril genossen

Ein Mensch vertilgt drei ganze Rinder

Jeder Mensch hat andere Essgewohnheiten, und jeder mag oder verabscheut etwas anderes: Der eine ist Vegetarier und verzichtet komplett auf tierische Nahrung, wohingegen einem anderen allein schon beim Gedanken an Fleisch das Wasser im Mund zusammenläuft. Deshalb kann man für das, was wir im Lauf unseres – ja auch unterschiedlich langen – Lebens zu uns nehmen, natürlich nur Mittelwerte angeben. Die aber sind wahrhaft beeindruckend:

Ein durchschnittlicher Mitteleuropäer vertilgt zwischen Geburt und Tod einen wahren Berg unterschiedlicher Lebensmittel. Da sind zunächst einmal ein ganzer Haufen Tiere: 3 komplette Rinder, 10 Schweine, 2 Kälber, 2 Schafe, mehrere hundert Hühner sowie rund 2000 Fische. Dazu kommen circa 10.000 Eier, 1000 Kilo Käse, 100 Säcke Kartoffeln, je 80 Säcke Mehl und Zucker, 5000 Brote, 6000 Stück Butter, 750 Kilo Margarine, einige hundert Liter Speiseöl und nicht zuletzt rund 100 Torten und Kuchen.

Das ist aber noch längst nicht alles, denn jeder von uns isst, sofern er alt genug wird, noch eine ganze Menge mehr: zum Beispiel Schokolade, Bonbons und andere Süßigkeiten sowie – nicht zu vergessen – beträchtliche Mengen an Obst und Gemüse. Und gar nicht so wenige Zeitgenossen gibt es, die ernähren sich bevorzugt von Pizzas, Big Macs, Hotdogs und Döner Kebabs.

**Man kann sich an Erdnüssen satt essen,
ohne eine einzige Nuss zu verspeisen**

Botaniker verstehen unter einer Nuss eine Frucht, bei der der Same außen von einer harten Schale umhüllt ist. Insofern ist beispielsweise die altbekannte Haselnuss tatsächlich eine Nuss, nicht jedoch die Kokosnuss, weil sie eine fleischige und faserige Fruchthülle besitzt. Sie gehört ebenso wie die Kirsche oder die Pflaume zu den sogenannten Steinfrüchten.

Und deshalb ist eben auch eine Erdnuss keine wirkliche Nuss, sondern eine Hülsenfrucht, so wie die Erbse oder die Bohne. Im Englischen zeigt sich die biologische Zugehörigkeit in der Bezeichnung: Die Erdnuss heißt dort »Peanut«, also »Erbsennuss«. Aber auch hier ist der Zusatz »Nut« beziehungsweise »Nuss«, genaugenommen, falsch.

Wer also abends vor dem Fernseher kiloweise Erdnüsse futtert, isst sich an Hülsenfrüchten satt, aber keineswegs an Nüssen.

> **Wenn Sie wollen, dass Ihre Freunde an Ihrem Verstand zweifeln,**
> *… schaufeln Sie beim gemeinsamen Fernsehabend händeweise Erdnüsse in sich hinein und erklären mit Unschuldsmiene: »Nüsse mochte ich noch nie.«*

Salzgebäck schmeckt süß

Grundsätzlich gilt für sämtliche stärkehaltigen Nahrungsmittel, also auch für Weiß- und Vollkornbrot sowie für alle
Arten von Nudeln: Wenn man lange genug auf ihnen herum-
kaut, macht sich im Mund immer deutlicher ein süßer Geschmack bemerkbar. Der übertönt sogar das pikante Aroma
eines salzigen Kekses oder einer mit Salz bestreuten Brezel.
Der Grund dafür liegt allerdings weniger im Kauen als im
Vermengen des Gegessenen mit Speichel. Der enthält nämlich ein Enzym namens Amylase, das Stärke in kleinere
Bruchstücke zerlegt.

Wenn man nun weiß, dass Stärke aus Tausenden miteinander verknüpfter Traubenzucker- oder Glukosemoleküle
besteht, wird der Süßeffekt verständlich. Zwar ist das Enzym nur in der Lage, die langen Stärkeketten in Fragmente
von je zwei Glukoseeinheiten zu spalten (die weitere Zerle-
gung erfolgt im Dünndarm), aber der auf diese Weise entstehende Malzzucker (Maltose) schmeckt auch schon deutlich
süß. Je länger also der enzymhaltige Speichel auf die Stärke
einwirkt, desto mehr Malzzucker bildet sich und desto ausgeprägter ist der süße Geschmack.

Zuckerfreie Lebensmittel enthalten Zucker

Dass immer mehr Menschen Probleme mit ihrer Figur haben,
ist ebenso bekannt wie die Tatsache, dass Süßes dick macht.
Lebensmittelproduzenten tun deshalb alles in ihrer Macht
stehende, um ihre Erzeugnisse als möglichst kalorienarm
und damit einer schlanken Gestalt zuträglich anzupreisen.
So liest man auf vielen Verpackungen nicht nur Attribute
wie »fettarm« oder »light«, sondern – vor allem bei Backwa-

ren und Süßigkeiten – häufig auch »zuckerfrei«. Daraus soll der mögliche Käufer, der die Bezeichnung natürlich wörtlich nimmt, schlussfolgern, das entsprechende Lebensmittel enthalte keinen Zucker. Doch dem ist keinesfalls so.

Denn Zucker ist nicht gleich Zucker. Neben dem uns geläufigen, aus Rohr oder Rübe gewonnenen Haushaltszucker (Chemiker nennen ihn »Saccharose«), den wir in Kaffee oder Tee schütten und mit dem wir Kuchen und Desserts süßen, gibt es noch Trauben-, Frucht-, Malz- und eine ganze Reihe anderer Zucker. Per Gesetz zählt aber nur die Saccharose als solcher, das heißt, sämtliche anderen Arten gelten lebensmittelrechtlich als sonstiger Süßstoff und können daher durchaus in »zuckerfreien« Produkten enthalten sein. Diese »Süßstoffe« machen jedoch nicht nur ebenso dick wie Saccharose, sondern zerstören auch genau wie diese die Zähne. Das mussten vor allem Mütter schmerzlich erfahren, die ihren Babys angeblich zuckerfreie Kindertees zu trinken gaben und dann erschrocken feststellten, dass deren Milchzähne einer nach dem anderen braun und löcherig wurden. Denn den kariesverursachenden Bakterien schmeckt Frucht- oder Traubenzucker genauso gut wie Haushaltszucker.

Das wird sofort verständlich, wenn man weiß, dass jedes Molekül Saccharose aus genau einem Molekül Trauben- und Fruchtzucker zusammengesetzt ist. Wer also im Vertrauen auf die schlank machende Wirkung angeblich zuckerfreier Lebensmittel nur derart gekennzeichnete Produkte isst, nimmt keinesfalls weniger Kalorien zu sich, sondern verbraucht sogar weniger Energie als bei der Verwendung von Haushaltszucker, weil er seinem Verdauungsapparat auch noch die Arbeit erspart, die Saccharose in ihre beiden Bestandteile zu zerlegen. Dass diese, im Übermaß aufgenommen, genauso in Fett umgewandelt werden, versteht sich von selbst.

Wenn Sie wollen, dass die Angestellte im Supermarkt die Stirn runzelt,

... fragen Sie sie doch einmal, wo der zuckerfreie Traubenzucker zu finden ist.

Ein Krokodil isst weniger als ein Mensch

Bilder von Alligatoren, die eine komplette Antilope verschlingen, hat wohl jeder schon einmal gesehen. Wenn man Zeuge wird, mit welch gefräßiger Gier das Krokodil seine Beute verschlingt, erscheint es vollkommen unglaubhaft, dass das gewaltige Reptil, um am Leben zu bleiben und sich wohl zu fühlen, weitaus weniger essen muss als ein Mensch. Und doch ist es so.

Im Gegensatz zu uns Menschen sind nämlich sämtliche Echsen, auch die größten, wechselwarme Tiere, die gezwungen sind, ihre Körpertemperatur durch Aufnahme von Wärme aus der Umgebung in erträglichen Grenzen zu halten, während wir als gleichwarme Wesen dazu auf reichlich Nahrungszufuhr angewiesen sind. So ist es zu erklären, dass ein Mensch bei etwa 20 Grad Außentemperatur einen Grundumsatz – das ist der Nährstoffbedarf bei völliger körperlicher Ruhe – von 6000 bis 7500 Kilojoule hat, während ein ruhendes Krokodil seine entsprechend niedrigere Körperwärme bereits mit einer täglichen Energiemenge von 250 Kilojoule und damit gerade einmal einem Dreißigstel der Mindestenergie eines Menschen aufrechterhalten kann.

Und wie passt das zu der gerissenen Antilope? Die liefert natürlich jede Menge Kilojoule und damit viel mehr »Kraft-

stoff«, als das Krokodil momentan benötigt. Doch das Reptil kann die daraus produzierte Energie lange Zeit speichern
und kommt daher nach einer üppigen Mahlzeit tage-, ja, sogar wochenlang ohne weitere Nahrung aus, je nachdem,
wie intensiv es sich bewegt. Und wenn die Power tatsächlich einmal auszugehen droht, legt es sich einfach zur Ruhe
und wartet, bis ihm ein – im Idealfall krankes und schwa-
ches – Beutetier so nahe kommt, dass es sich mit einer einzigen schnellen Bewegung darauf stürzen kann. Wir Menschen verspeisen dagegen zwar nicht ein ganzes Rind, Kalb
oder Schwein auf einmal, dafür müssen wir aber zur Aufrechterhaltung unserer Körpertemperatur und Beweglichkeit praktisch jeden Tag essen. Und dabei kommt auf Dauer
viel mehr zusammen.

In der Sauna kann man ein Steak garen

Zugegeben, es gibt schnellere und einfachere Verfahren, um
ein Steak auf den Punkt gar zu bekommen, aber darum geht
es nicht. Die Frage ist vielmehr, ob es überhaupt möglich
ist, ein Stück Rindfleisch allein dadurch, dass man es in die
Sauna mitnimmt, in einen genießbaren Zustand zu bringen.
Und diese Frage kann man mit einem klaren Ja beantworten.
Immerhin wird es in einer Sauna annähernd 100 °C warm,
und wenn dazu noch ein gelegentlicher Aufguss für ein bisschen Feuchtigkeit sorgt, hat man Verhältnisse wie beim Nie-
dertemperatur-Schongaren. Es mag zwar eine Weile dauern,
aber irgendwann ist das Steak fertig, und man kann es sich
munden lassen.

Da fragt man sich natürlich, warum wir als gesundheitsbewusste Saunagänger während des Aufenthalts in der heißen Kabine nicht ebenfalls gegart werden. Schließlich beste-

hen auch wir aus Fleisch, und dass man das in gekochtem oder gebratenem Zustand durchaus verzehren kann, beweisen die Kannibalen, die es ja angeblich in düsteren Urwäldern noch immer gibt. Nun, die Lösung des Rätsels liegt in der Tatsache, dass wir als lebende Menschen im Gegensatz zum »toten« Steak über eine komplexe Temperaturregelung verfügen, deren Wirkungsweise man mit der eines Thermostats vergleichen kann. Die sorgt dafür, dass es in unserem Inneren und damit auch im Fleisch unserer Muskeln selbst bei der größten Saunahitze kaum wärmer wird als 37 °C.

Zu diesem Zweck produziert unser Körper in erster Linie eine ganze Menge Schweiß, der auf der Haut verdunstet und diese durch Wärmeentzug kühlt (Stichwort: Verdunstungskälte). Außerdem sorgt er über eine Erweiterung der Hautgefäße – die uns auch noch eine ganze Weile nach dem Saunabesuch ausgesprochen rosig aussehen lässt – für eine massive Wärmeabstrahlung. Gäbe es diese Mechanismen nicht, bestünde tatsächlich das Risiko, dass unsere Körpertemperatur anstiege, und das wäre spätestens ab 41 °C überaus gefährlich, da dann die lebenswichtigen Enzyme – Proteine, die Stoffwechselvorgänge ein- und ausschalten – unwiederbringlich zerstört würden. Deshalb besteht bei sehr hohem Fieber Lebensgefahr.

Wie gesagt, bei hohem, den ganzen Körper in Mitleidenschaft ziehendem Fieber – aber nicht in der Sauna. Denn während wir uns dort das sanft gegarte Steak munden lassen, müssen wir dank unseres eingebauten Thermostats keinerlei Angst haben, dass die Hitze bei uns irgendwelche Schäden anrichten könnte.

Wenn in Ihrer Küche einmal der Herd streikt,
... verbinden Sie einfach das Angenehme mit dem Nützlichen, gehen in die Sauna und garen das Mittagessen dort.

Hamburger werden bei mäßiger Temperatur schneller gar als bei großer Hitze

Legt man zwei Hamburger – gemeint sind natürlich die mit Hackfleisch und anderen Zutaten belegten Brötchen – auf einen Holzkohlegrill und platziert einen davon in der Mitte, während der andere am weniger heißen Rand liegt, so wird man erstaunt feststellen, dass der stärker erhitzte später fertig wird als der schonender gegarte. Das liegt daran, dass das Fleisch bei sehr hoher Temperatur an seiner Außenseite rasch verbrennt und eine dünne, aber feste Kruste bildet. Die stellt einen denkbar schlechten Wärmeleiter dar und zögert den Zeitpunkt hinaus, bis das Innere des Hamburgers die zum Garwerden erforderliche Temperatur erreicht. Wer also hungrig darauf wartet, dass das Fleisch endlich verzehrfertig wird, sollte der Versuchung widerstehen, es direkt über die Flammen zu legen und es stattdessen lieber behutsam, das heißt, bei deutlich weniger Hitze, braten. Das beschleunigt die Angelegenheit nicht nur, sondern gewährleistet auch eine wesentlich bessere Qualität und damit einen intensiveren Geschmack des Fleisches. Und darauf kommt es schließlich an.

Kalbsleberwurst enthält keine Kalbsleber

Normalerweise sollte man doch denken, der Name »Kalbsleberwurst« leite sich von der in der Wurst enthaltenen Kalbsleber ab. Doch dem ist keinesfalls so. Vielmehr muss man die beiden Wortbestandteile einzeln betrachten, um der tatsächlichen Zusammensetzung der schmackhaften Delikatesse auf die Spur zu kommen. Denn diese muss, um sich Kalbsleberwurst nennen zu dürfen, lediglich die beiden Bestandteile Kalbfleisch und Leber enthalten. Ersteres braucht nicht einmal zwangsläufig von kleinen Kälbern zu stammen, vielmehr erlauben die deutschen »Leitsätze für Fleisch und Fleischerzeugnisse« ganz allgemein die Verwendung von »grob entsehntem Kalb- oder Jungrindfleisch«. Sind davon in der Wurst mindestens 10 Prozent enthalten, rechtfertigt das allein schon den Wortbestandteil »Kalbs-«.

Und die Leber? Nun, die kann von jedem beliebigen anderen Tier stammen – in der Regel ist der Lieferant das Schwein. Da dessen Leber wegen ihrer weichen Konsistenz bei den Metzgereikunden ohnehin nicht sonderlich beliebt ist, bietet die Herstellung von Kalbsleberwurst eine ideale Gelegenheit, sie zu verwerten. Schon wenn ihr Anteil an dem Gesamterzeugnis 10 bis 15 Prozent beträgt, ist die Bezeichnung Leberwurst erlaubt.

Kalbsleberwurst enthält also in der Regel etwa 10 Prozent Jungrindfleisch und 15 Prozent Schweineleber, der Rest, also rund drei Viertel, besteht aus Schweinefleisch, Flomen und Speck. Dazu kommen weitere Zutaten, die die Wurst stabil und streichfähig machen und den Geschmack verstärken. Eigentlich müsste die Wurst demnach »Schweinsleberwurst mit Kalbfleisch« heißen, aber das wäre vermutlich zu umständlich und – sicher auch nicht ohne Belang – der Bereitschaft der Verbraucher, dafür reichlich Geld auf den Tisch zu legen, ganz sicher nicht förderlich.

An einer heißen Suppe verbrennt man sich leichter den Mund als an heißem Kaffee

Der entscheidende Unterschied zwischen Wasser, Tee oder Kaffee auf der einen und einer nahrhaften Suppe auf der anderen Seite besteht im Fettgehalt. Das fehlt den Getränken nämlich, während es auf der Oberfläche vieler Suppen in Form ausgedehnter Augen schwimmt. Und dieses Fett hat mit etwa 150 °C einen viel höheren Siedepunkt als Wasser. Beginnt dieses bei 100 °C zu kochen, erwärmt es sich nicht mehr weiter, sondern geht allmählich in Dampfform über und verteilt sich in der umgebenden Luft.

Das bedeutet, dass die Temperatur von Kaffee oder Tee niemals 100 °C übersteigen kann (es sei denn, man würde sie im Schnellkochtopf zubereiten, aber wer tut das schon?). Fett kann dagegen deutlich heißer werden und hat daher zum Zeitpunkt, an dem die Suppe gerade so weit abgekühlt ist, dass man sie sich genussvoll schmecken lassen kann, noch eine wesentlich höhere Temperatur. Und die reicht allemal aus, um sich den Mund zu verbrennen.

Auch wer nichts isst, hat Stuhlgang

Der allergrößte Teil dessen, was wir an Essbarem zu uns nehmen, wird dem Nahrungsbrei in unserem Darm entzogen und – in handliche Molekülbruchstücke zerlegt – mit dem Blut durch den Körper transportiert. Auf diese Weise gelangen die diversen Substanzen zu sämtlichen Zellen und allen Geweben, wo sie für die unterschiedlichsten Stoffwechselprozesse benötigt werden. Den Rest – vorzugsweise unverdauliche Ballaststoffe wie die aus pflanzlichen Zellwänden stammende Zellulose – scheiden wir bei einem intimen Vorgang aus, den wir verschämt »Stuhlgang« nennen. Doch auch, wenn wir eine ganze Weile nichts essen und trinken, zwingt uns der Druck im Enddarm irgendwann mit Macht dazu, die Toilette aufzusuchen.

Die Ursache für diesen sogenannten »Hungerkot« liegt in der Tatsache, dass unsere Exkremente neben unverdaulichen Speisebestandteilen – die machen gerade einmal 7 bis 8 Prozent der Gesamtmenge aus – noch zahlreiche andere Bestandteile enthalten, nämlich rund 70 Prozent Wasser, dazu schleimige Ausscheidungen zahlreicher kleiner Drüsen in der Darmwand sowie Gallebestandteile, abgestoßene Schleimhautzellen und vor allem erhebliche Mengen an Bakterien. Immerhin wiegt die gesamte menschliche Darmflora, deren Mikroorganismen sich permanent vermehren und zum Teil abgestoßen werden, rund 1,5 Kilo. All diese Bestandteile müssen wir notgedrungen ausscheiden, und zwar unabhängig davon, ob wir in den Tagen zuvor üppig geschlemmt, moderat gegessen oder längere Zeit ohne jegliche Nahrung gefastet haben.

Manche Tiere leben ganz ohne Nahrung

Tatsächlich gibt es eine Gruppe von Tieren, die während ihres gesamten Erwachsenendaseins nicht darauf angewiesen sind, irgendetwas zu fressen und daher auch nicht verhungern können: die Eintagsfliegen. Die machen ihrem Namen alle Ehre, denn ihr ganzes Leben dauert in der Tat nur einen oder höchstens zwei Tage. Und in dieser extrem kurzen Zeitspanne bleibt ihnen schlicht und einfach keine

Zeit zum Fressen, weil sie voll und ganz mit der Fortpflanzung beschäftigt sind. Dazu tanzen die Männchen an lauen Sommerabenden in dichten Schwärmen über einem Gewässer und warten auf vorbeikommende Weibchen, mit denen sie sich unverzüglich paaren. Die Weibchen produzieren daraufhin in Windeseile große Mengen von Eiern, die sie einfach ins Wasser fallen lassen. Danach ist ihre Aufgabe erfüllt, und sie sterben, ohne in ihrem Fliegenleben irgendetwas zu sich genommen zu haben.

Dafür sind die aus den Eiern schlüpfenden Larven umso verfressener. Ohne Pause weiden sie von Steinen mächtige Algenteppiche ab und nehmen auch gerne alles, was an organischen Abfällen an ihnen vorüberschwimmt, in sich auf. Zwei oder gar drei Jahre geht das so. Die Larven werden dabei immer größer, häuten sich ein ums andere Mal und verwandeln sich schließlich in die fertigen, geflügelten Insekten. Und die paaren sich dann wieder in aller Eile, legen, sofern sie weiblich sind, einen Haufen Eier und lassen sich anschließend leblos ins nächstbeste Gewässer fallen. Nur eines tun sie während ihres einzigen Tages als Fliege nie: fressen.

Fahr- und Flugzeuge –
Was nicht in Prospekten steht

Ein Auto kann kopfüber an der Decke fahren

Zugegeben: ausprobiert hat es noch niemand. Aber dass es möglich ist, mit einem Formel-1-Auto einen derartigen Anpressdruck auf die Fahrbahn zu erzeugen, dass das Fahrzeug gleichsam darauf klebt und sich nicht davon löst, kann man ausrechnen. Dazu sind zwei Dinge vonnöten: erstens Flügel, die den schnell fahrenden Rennwagen über seine Reifen auf den Boden (hier: an die Decke) pressen und zweitens der sich zwischen der Unterlage und dem Fahrzeugboden aufbauende Unterdruck.

Die Flügel wirken dabei umgekehrt wie bei einem Flugzeug. Beschleunigt dieses beim Start, entsteht an der Oberfläche der Tragflächen ein Sog und an der Unterseite ein Druck. Dafür ist zunächst einmal der sogenannte Anstellwinkel verantwortlich, der bewirkt, dass die anströmende Luft die schräg angebrachten Flügel nach oben drückt. Wer das ausprobieren möchte, braucht nur seine flache Hand aus dem Fenster eines fahrenden Autos zu strecken und sie im Handgelenk ganz allmählich zu drehen. Dann spürt er sehr deutlich, wie sie mit zunehmendem Anstellwinkel immer mehr nach oben gepresst wird, bis der Effekt nach und nach vom nach hinten gerichteten Druck überlagert wird. Bei der Flugzeugtragfläche kommt noch die Profilwölbung hinzu. Die zwingt die Luft, auf der Oberseite einen längeren Weg zurückzulegen als unten, wodurch sich ebenfalls ein nach oben gerichteter Sog aufbaut.

Einen solchen Sog, allerdings in umgekehrter Richtung, erzeugt nun auch die bei schneller Fahrt unter einem Rennwagen (der deshalb kaum Bodenfreiheit hat) hindurchströmende Luft. Fachleute sprechen vom »Venturi-Effekt«. Beides zusammen, Flügel und Venturi-Effekt, pressen das etwa 600 Kilo schwere Rennauto bei Tempo 250 mit etwa dem Dreifachen seines Gewichts auf die Straße. Und das gilt theoretisch auch, wenn das Rennauto nicht unten, sondern kopfüber an der Decke fährt.

Dass das, wie gesagt, noch niemand ausprobiert hat, liegt vor allem daran, dass der Rennwagen, solange er steht, nicht an der Decke hängen bleibt. Doch selbst wenn sich dieses Problem lösen ließe, bestünde noch immer ein nicht zu überwindendes Hindernis: Weltweit gibt es selbst in der größten Halle keine Decke, an der das Rennauto bis auf die Geschwindigkeit beschleunigen könnte, bei der es infolge des Anpressdrucks oben bliebe. Und eine Formel-1-Strecke einfach auf den Kopf zu stellen, funktioniert leider nur in der Computeranimation.

Flugzeuge können rückwärts fliegen

Wohlgemerkt: Hier ist weder von Hubschraubern noch von Senkrechtstartern die Rede, sondern von ganz normalen Flugzeugen, die wie jede Verkehrsmaschine beim Start so lange beschleunigen müssen, bis der an den Tragflächen entstehende Auftrieb groß genug ist, um sie in die Luft zu heben. Damit ein solches Flugzeug in der Höhe stehen bleiben kann – unabdingbare Voraussetzung für das Rückwärtsfliegen –, muss es allerdings eine sogenannte »STOL«-Maschine sein. »STOL« ist die Abkürzung für den englischen Begriff »Short Take-off and Landing«, der so viel bedeutet wie »Kurzstart und -landung«. Derartige Flugzeuge wurden in den Dreißigerjahren des vorigen Jahrhunderts vorwiegend für militärische Einsätze entwickelt; man verwendete sie aber auch für zivile Aufgaben, beispielsweise für die Verlegung von Fernmeldekabeln in unwegsamem Gelände.

Beispiele für STOL-Flugzeuge, die nicht nur auf äußerst kurzen Bahnen starten und landen, sondern dazu noch extrem langsam fliegen können, sind die britische »Westland Lysander«, die amerikanische »Piper L-4«, die schweizerische »Pilatus PC-6 Porter« und ganz besonders die in Fliegerkreisen legendäre »Fieseler FI 156«. Das wegen seines hochbeinigen Fahrwerks auch »Fieseler Storch« genannte Flugzeug, das erstmals im Jahr 1936 flog, kann sich noch bei einer Geschwindigkeit von weniger als 50 Stundenkilometern in der Luft halten. Das bedeutet, dass es bei entsprechendem Gegenwind, bezogen auf den Erdboden, regungslos in der Luft stehen kann. Doch das ist noch nicht alles: Weht auf einem Flugplatz ein derartiger, nicht einmal besonders starker Wind, so kann ein dagegen anfliegendes STOL-Flugzeug nicht nur auf der Stelle, sondern – in Bezug auf die Landebahn – sogar rückwärts fliegen und auch so landen.

Wenn Sie eine Wette gewinnen wollen,
... wetten Sie doch einmal mit einem Technikbegeisterten, Flugzeuge könnten rückwärts landen.

Motorradfahrer werden von Lastwagen angezogen

Nehmen Sie einmal zwei Blatt Papier und halten Sie sie so, dass sie mit einem Abstand von etwa zwei Zentimetern nebeneinander nach unten hängen. Nun blasen Sie kräftig in den entstandenen Spalt. Was passiert? Die Blätter wölben sich nach innen, und wenn Sie nur kräftig genug pusten, berühren sie sich in der Mitte sogar. Denselben Effekt kennen Sie vielleicht vom Duschen, wenn der Vorhang, der das Badezimmer trocken halten soll, kurz nachdem Sie das Wasser aufgedreht haben, wie von Geisterhand auf Sie zukommt und schließlich – ein höchst unangenehmes Gefühl – fest an Ihrer Haut klebt.

Erstmals beschrieben hat dieses Phänomen der im 18. Jahrhundert lebende Schweizer Physiker Daniel Bernoulli, der dafür folgende Erklärung gab: Sobald Flüssigkeiten oder Gase in eine bestimmte Richtung fließen, üben sie auf ihre Umgebung einen geringeren Druck aus, als wenn sie sich nicht bewegen. Je höher die Geschwindigkeit ist, desto ausgeprägter ist der Unterdruck, der benachbarte Strukturen in Richtung Strömung zieht oder saugt.

Dem »Bernoulli-Effekt« ist es zu verdanken, dass eine von Luft angeströmte Flugzeugtragfläche nach oben gezogen wird, wodurch das Flugzeug überhaupt erst in der Luft bleibt. Er spielt aber auch bei eng nebeneinander stehenden Hochhäusern eine wichtige Rolle, wenn durch den schmalen Zwischenraum heftiger Wind weht. Dann kann der Unterdruck nämlich so stark werden, dass er die dem Nachbarhaus zugewandten Fensterscheiben wie Papier aus ihren Fassungen saugt. Und schließlich spüren auch Motorradfahrer das von Bernoulli entdeckte Phänomen: Fahren sie schnell und relativ eng an einem Lastwagen vorbei, so entsteht zwischen diesem und ihrem Körper ein fühlbarer Sog, der sie – alles andere als harmlos – zu dem Lkw hinzieht. Beim Überholen langer Brummis ist also höchste Vorsicht angesagt!

Die ist auch angebracht, wenn Sie wieder einmal auf einen Zug oder eine U-Bahn warten und aus dem Lautsprecher die Warnung hören: »Vorsicht an der Bahnsteigkante!« Denn wenn Sie der einfahrenden Bahn zu nahe kommen, werden Sie sehr deutlich eine Kraft spüren, die Sie in Richtung Gleis zieht. Und das ist – speziell für Kinder – durchaus gefährlich.

Wenn Sie sich wieder einmal über einen an Ihrer Haut klebenden Duschvorhang ärgern,
… *trösten Sie sich mit dem Gedanken, dass Sie demselben Effekt Ihren nächsten Urlaubsflug verdanken.*

Brennende Autos explodieren nicht

Eine wilde Verfolgungsjagd auf der Kinoleinwand: Ein Polizeiauto jagt hinter dem Wagen eines flüchtenden Verbrechers her, Motoren heulen, Bremsen quietschen, Reifen rauchen. Und dann, auf einer kurvigen Gebirgsstraße, passiert es: Das heftig bedrängte Gangsterauto gerät ins Schleudern, prallt zwei-, dreimal an die Felswand und stürzt schließlich, sich mehrfach überschlagend, einen Steilhang hinunter. Mit berstendem Krachen schlägt es am Boden des Abgrunds auf.

Bis dahin ist die Szene noch einigermaßen realistisch, doch dann folgt geradezu zwanghaft ein Ereignis, das mit der Wirklichkeit absolut nichts gemein hat: Das Auto explodiert mit ohrenbetäubendem Knall und geht in einem lodernden Feuerball auf. Solche Szenen sind Verkehrsexperten ein Dorn im Auge, sorgen sie doch nach einem tatsächlichen Unfall, bei dem ein Auto in Brand gerät, dafür, dass sich von den möglichen Helfern niemand nahe an das Fahrzeug herantraut. Schließlich rechnet jeder damit, dass es in nächster Sekunde mit lautem Getöse in die Luft fliegt.

»Brennende Autos explodieren nie!«, meint dazu Maximilian Maurer, Verkehrsexperte beim ADAC in München. »Es sei denn, sie haben Sprengstoff an Bord.« Deshalb bleibt Unfallzeugen in der Realität auch bei einem Fahrzeugbrand noch genügend Zeit, um als Ersthelfer verletzte Insassen zu retten. Denn fast immer bricht das Feuer vorne im Motorraum aus und erfasst von dort keinesfalls schlagartig, sondern eher gemächlich nach und nach das ganze Fahrzeug. Bis dieses komplett in Flammen steht, vergehen daher nicht selten acht Minuten und mehr, und wenn Türen und Fenster geschlossen sind, dauert es sogar noch um etliches länger, bis auch der Innenraum lichterloh brennt. Selbst wenn der Brand den Tank erreicht, besteht keine akute Gefahr, dass dieser krachend in die Luft fliegt. Denn solange er intakt und verschlossen ist, passiert normalerweise überhaupt nichts; und selbst, wenn er ein Loch hat und Benzin ausläuft, ist allenfalls mit einer kurzen und relativ harmlosen Verpuffung zu rechnen.

Der Grund, warum sich mögliche Helfer mit ihrer Rettungsaktion dennoch nach Kräften beeilen müssen, ist also nicht die mögliche Explosion des brennenden Autos, sondern die Tatsache, dass die Temperatur in dessen Innerem rasend schnell ansteigt und schon nach kurzer Zeit Werte von mehr als 100 °C erreicht; außerdem nimmt auch die Konzentration giftiger Gase rasch zu. Deshalb kommt es auf jede Minute an. Und das bedeutet, dass derjenige, der als Erster zu einem brennenden Fahrzeug kommt, in dem sich noch Menschen befinden, auf gar keinen Fall aus Angst vor einer bevorstehenden Explosion zögern darf, sondern sinnvollerweise nur eines tun kann: So schnell wie möglich zu dem Auto eilen und die Insassen befreien, bevor sie erstickt oder verbrannt sind.

Ein Pkw kann einen Jumbojet ziehen

Bei dem Versuch, von dem nachfolgend die Rede ist, denkt man unweigerlich an David und Goliath, auch wenn der David in unserem Fall ein überaus kräftiger und leistungsfähiger Geländewagen, nämlich ein VW Touareg mit einer Anhängelast von beachtlichen 3,5 Tonnen, ist. Denn gegen den zweiten Protagonisten, eine Boeing 747, nimmt er sich geradezu winzig aus. Immerhin wiegt der veritable Jumbojet mit seinen 155 Tonnen fast das Fünfzigfache dessen, was der Touareg normalerweise höchstens schleppen darf.

Die spektakuläre Aktion »Pkw zieht Jumbojet« – sie ging auf eine Wette zwischen VW-Mitarbeitern zurück – fand 40 Meilen vor den Toren Londons auf dem Dunsfeld Aerodrome statt. Doch bevor der Touareg dort vor den Jumbo gespannt wurde, musste er erst einmal einige Veränderungen über sich ergehen lassen. So war es unbedingt erforderlich, sein Gewicht drastisch zu erhöhen. Das klingt zunächst paradox, ist jedoch unumgänglich, um zu verhindern, dass beim Anfahren nur die Räder durchdrehen und damit außerstande sind, die Antriebskraft voll und ganz auf den Boden zu bringen. Dazu verteilten die Techniker überall im Auto Mengen von Stahlplatten und -kugeln, insgesamt fast 4500 Kilo, und erhöhten so das Gesamtgewicht des Touareg auf mehr als 7 Tonnen! Danach wechselten sie das Getriebe gegen das etwas kürzer übersetzte des Touareg V8 FSI aus und pumpten die Reifen bis auf einen Druck von 4,5 bar auf. Alles andere – Motor, Allradantrieb, Luftfederung – ließen sie unverändert.

Schließlich koppelten sie über eine spezielle Zugvorrichtung den Jumbojet an. Und obwohl typisch englisches Wetter mit heftigem Regen und starkem Wind über die Landebahn des Flugplatzes peitschte, setzte sich das Auto, als der Fahrer die Geländeuntersetzung und den zweiten Gang eingelegt und vorsichtig Gas gegeben hatte, langsam aber sicher in Bewegung. Nach einer Strecke von 150 Metern wurde der Versuch beendet; die optimistischere der beiden Technikergruppen hatte die Wette gewonnen.

Und der Touareg? Der hatte den Kraftakt – das ergaben gründliche Untersuchungen – ganz und gar unbeschadet überstanden.

Feuer –
Heiße Tipps für Pyromanen

Man kann mit einem Streichholz einen Zuckerwürfel anzünden

Obwohl Zucker an der Luft brennt, ist es gar nicht so einfach, ein Stück Würfelzucker zu entflammen. Hält man nämlich ein brennendes Streichholz an eine der Ecken, so denkt der weiße Süßmacher gar nicht daran zu brennen, sondern schmilzt lediglich – wobei klebriges, braunes Karamell herabtropft. Die Hitze der Flamme beziehungsweise die darin enthaltene Energie reicht einfach nicht aus, um den Zuckerwürfel in Flammen aufgehen zu lassen. Das liegt daran, dass die einzelnen Teilchen viel zu kompakt aneinanderliegen, das heißt, dass ihre Oberfläche, an der sie mit dem zum Verbrennen notwendigen Sauerstoff in Berührung kommen, zu klein ist.

Reibt man nun aber etwas Papier- oder Zigarettenasche in eine Ecke des Würfels und hält die Flamme anschließend genau an diese Stelle, so dauert es gar nicht lange, und der Zucker brennt lichterloh. Der Grund für diese erstaunliche Reaktion liegt in der Tatsache, dass Asche stets ein paar unverbrannte Bestandteile enthält, deren Oberfläche groß genug ist, um Feuer zu fangen. Dadurch steigt die Hitze an der betreffenden Ecke des Zuckers enorm an und erreicht rasch einen Wert, der hoch genug ist, um den Würfel zu entflammen.

Den Effekt, dass eine große, den Sauerstoffzutritt fördernde Oberfläche das Anbrennen jedes beliebigen Stoffes erheblich erleichtert, macht man sich unter anderem bei Kamin- oder Lagerfeuern zunutze, indem man zuerst nur dünne Holzspäne anzündet und erst später, wenn sich das Feuer ausgebreitet hat, dickere Scheite nachlegt. Allerdings hat die Sache auch ihre Tücken, denn selbst Substanzen, die als kompaktes Stück nur mühsam oder gar nicht brennen, entzünden sich leicht, wenn sie in fein verteiltem Zustand vorliegen. So kommt es immer wieder zu spontanen Verbrennungen kleinster Teilchen, etwa von Getreidestaub in Scheunen. Dazu reicht bereits eine kleine Stelle aus, an der der Staub – etwa durch einen Sonnenstrahl, eine brennende Zigarette oder die Reibungshitze einer landwirtschaftlichen Maschine – aufgeheizt wird. Ist das erste Teilchen nämlich erst einmal entzündet, steigt die Hitze immer mehr an, und das Feuer breitet sich rasend schnell auf die anderen Partikel aus. Dann dauert es nicht mehr lange, und in einer gewaltigen Explosion steht plötzlich die ganze Scheune in Flammen.

Sogar Eisen lässt sich relativ einfach entzünden, wenn es fein verteilt vorliegt, also an einer großen Oberfläche mit Sauerstoff in Berührung kommt. Das kann man leicht mit Stahlwolle ausprobieren, an die man ein Feuerzeug hält: Man muss gar nicht lange warten, dann brennt das Eisen lichterloh. Sehr fein gemahlenes Eisenpulver muss man sogar sorgfältig unter Verschluss halten, weil es sich an der Luft, wo die einzelnen Teilchen ringsum von Sauerstoff umströmt werden, ganz von selbst entzündet. Übrig bleibt dann nichts anderes als rotbrauner Rost.

Man kann eine Flamme an ein Tuch halten, ohne dass es verbrennt

Wenn Sie Ihre Mitmenschen einmal in ungläubiges Erstaunen versetzen wollen, verblüffen Sie sie mit folgendem Trick: Nehmen Sie ein nicht allzu dicht gewebtes Hals- oder Kopftuch und lassen Sie es von einem Helfer waagerecht ausspannen. Nun halten Sie ein Feuerzeug unter das Tuch und lassen das Gas ausströmen. Das dringt mühelos durch das Gewebe, bleibt dabei aber natürlich vollkommen unsichtbar. Entzünden Sie es jetzt oberhalb des Tuches, so brennt es in einer hellen Flamme, die – das ist das Verblüffende – den Stoff nicht im Geringsten beschädigt. Bewegen Sie das Feuerzeug nun langsam hin und her, so folgt die Flamme dieser Bewegung und scheint auf dem Tuch von einer Seite zur anderen zu schweben – wie gesagt, ohne den Stoff auch nur anzusengen. Wenn Sie jetzt noch dafür sorgen, dass der Gasspender unsichtbar bleibt und das Ganze mit den üblichen Magiersprüchen würzen, können Sie sicher sein, das Publikum mächtig zu beeindrucken.

Wenn Sie selbst verstehen wollen, wie und warum der Trick funktioniert, sollten Sie dazu anstelle des Tuchs einmal ein dünnes Metallnetz verwenden. Durch dieses strömt das Gas praktisch ungehindert nach oben, wo es sich mühelos entflammen lässt. Die Flamme kann aber nicht umgekehrt nach unten Richtung Feuerzeug durchschlagen, weil das Netz die Temperatur des Feuers aufgrund der hervorragenden Wärmeleitfähigkeit von Metall so weit herabsetzt, dass es nicht mehr heiß genug ist, um das Gas darunter zu entzünden. Zwar leitet Stoff die Wärme nicht ganz so effektiv wie Metall, dennoch kühlt es das Feuer so weit ab, dass der Flammpunkt des Gases nicht mehr erreicht wird.

Mit Lärm kann man Feuer löschen

Schlägt man mit einem Schlegel kräftig auf eine Trommel, so bringt die darauf gespannte Membran die Luft zum Schwingen, und diese Schwingungen gelangen in unser Ohr, wo sie die Hörsinneszellen erregen und dadurch die Geräuschempfindung hervorrufen. Das Tempo, mit dem sie unterwegs sind, also die Schallgeschwindigkeit, beträgt etwas mehr als 300 Meter pro Sekunde. Oder anders ausgedrückt: Geräusche – etwa das Krachen eines Donners – brauchen rund drei Sekunden, bis ein Mensch in einem Kilometer Entfernung sie hört. Im Vergleich zur Lichtgeschwindigkeit (300.000 Kilometer pro Sekunde) ist das extrem langsam.

Steht nahe an der Trommel eine brennende Kerze, so bewirkt die von den Schallwellen ausgelöste Luftverwirbelung, dass die Flamme zu flackern beginnt. Da sich die Wellen, wie erklärt, relativ behäbig ausbreiten, dauert das rund eine Sekunde. Was weiter mit der Kerze geschieht, hängt von der Wucht des Schlages und vor allem davon ab, wo genau sie sich befindet. Hat man sie unterhalb der runden Öffnung der Trommel platziert, so wird der Wirbel sie auf alle Fälle treffen, und die in seinem Randbereich auftretenden, verhältnismäßig hohen Luftgeschwindigkeiten werden dann allemal kräftig genug sein, um sie zum Erlöschen zu bringen. Man kann also mit Fug und Recht behaupten, dass sich Feuer allein mit Hilfe von Krach ausblasen lässt.

Fische –
Bisexuell und kletterstark

Fische regnen vom Himmel

Am 4. April 1975 berichtete der Engländer Ron Spencer im BBC-Radio über ein merkwürdiges Erlebnis, das er während seines Dienstes als Pilot der Royal Air Force in Indien gehabt hatte: »Im Monsunregen bin ich immer gerne ins Freie gegangen, um mich zu waschen. Eines Morgens war ich gerade damit beschäftigt, meine Beine abzuschrubben, als mich plötzlich irgendwelche Gegenstände trafen. Ich blickte mich um und sah auf dem Boden unendlich viele kleine, zappelnde Fische herumliegen. Tausende fielen von den Dächern und wurden in Kanäle gespült, und auch die Reisfelder waren voll davon. Die Fischlein waren etwa so groß wie Sardinen. Von überall kamen Hunde und Katzen herbeigerannt und machten sich gierig über die unerwartete Mahlzeit her.«

Dieser unglaublich klingende Bericht war keinesfalls der erste, in dem es um Fische ging, die in riesigen Mengen vom Himmel gefallen waren. Vielmehr ist von einem solchen Tierregen schon im »Deipnosophistai« die Rede, einem griechischen Text aus dem 2. Jahrhundert nach Christus, an dessen Abfassung rund 800 Autoren beteiligt waren. Darin heißt es: »Ich weiß auch, dass es Fische regnete. Auf jeden Fall sagt

Phoenias im zweiten Buch seines Werkes ›Eresian magistra-
tes‹, dass es auf der Halbinsel einmal ununterbrochen Fische
geregnet habe, und Phylarchus berichtet in seinem vierten Buch, dass die Leute sogar sehr oft Fischregen erlebt haben.«

Man mag diese Schilderungen als Phantasie oder gar Spin-
nerei abtun, doch damit wird man der Sache nicht gerecht.
Denn bereits Ende des 19. Jahrhunderts hat sich der Brite
Charles Fort intensiv mit derlei Phänomenen beschäftigt
und in akribischer Sorgfalt aus wissenschaftlichen Veröf-
fentlichungen und Zeitungen alles zusammengetragen, was
er über vom Himmel regnende Tiere finden konnte. Seine
Notizen über 60.000 Seiten, die in der New Yorker Public
Library aufbewahrt werden, lassen keinen Zweifel daran,
dass es derlei Ereignisse in der Vergangenheit wirklich gegeben hat und dass sie mit ziemlicher Sicherheit auch in Zukunft immer wieder vorkommen werden.

Ein besonders eindrucksvoller Bericht findet sich im re-
nommierten Wissenschaftsmagazin »Nature« vom 19. September 1918. Darin schildert ein Augenzeuge ausführlich
und sehr eindrucksvoll einen fast zehnminütigen Fischregen, der sich einen knappen Monat zuvor, am 24. August
1918, in Hindon, einem Vorort der Stadt Sunderland, ereignet hatte. Demnach lagen nach einem kurzen, aber heftigen
Wolkenbruch derartige Mengen von Fischen herum, dass
der Boden auf einer Fläche von knapp 60 mal 30 Meter dicht
bedeckt war. Als man die Tiere aufsammelte, waren sie allesamt längst tot und viele von ihnen sogar »steif und hart«.

Wenn auch Fische die häufigsten Tiere zu sein scheinen,
die immer wieder einmal vom Himmel regnen, so sind sie
keinesfalls die einzigen. Auch bei Fröschen, Kröten, Würmern, Schnecken und anderem Getier ist das offenbar schon

vorgekommen. So berichtete beispielsweise die Engländerin Veronica Papworth im Londoner »Sunday Express« im Jahr 1969 von einer wahren Frosch-Sintflut, die sie einige Jahre zuvor in Buckinghamshire miterlebt hatte: »Ich entsinne mich noch genau, dass wir auf eine Abendgesellschaft gehen wollten, als plötzlich ein Gewitter losbrach, bei dem es Frösche regnete. Türen und Fenster standen offen, und von überall her hüpften kleine Frösche in unser Haus und bedeckten zu Tausenden den Fußboden. Es war unmöglich, sie alle zu vertreiben, denn ebenso schnell, wie wir sie herausjagten, kamen sie wieder hereingesprungen. Es dauerte eine ganze Weile, bis wir der Sache einigermaßen Herr geworden waren, und wir kamen mit erheblicher Verspätung zu der Party. Zum Glück hingen, als wir endlich eintrudelten, ein paar von den Fröschen an meinen Hosenbeinen, sonst hätten uns die anderen Gäste sicher gar nicht geglaubt.« Papworth' Befürchtung erwies sich jedoch als unbegründet, denn ihre Schilderung wurde von zahlreichen anderen Augenzeugen bestätigt, die, gleichermaßen von dem bizarren Ereignis aufgehalten, nach und nach eintrudelten.

Deshalb bestreiten selbst skeptische Wissenschaftler längst nicht mehr, dass Fische und andere Kleintiere hin und wieder vom Himmel auf die Erde prasseln. Doch wie das zu erklären ist, darüber sind sich die Gelehrten vollkommen uneins. Am verbreitetsten ist die These, die Tiere würden von kräftigen Wirbelstürmen in die Luft gerissen und an anderer Stelle wieder abgeladen. Das klingt logisch, denn tatsächlich haben sich die meisten Tierregen während schwerer, von heftigem Wind begleiteter Regenfälle ereignet. Allerdings lässt sich auf diese Weise nicht erklären, warum die bizarren Wolken in den meisten Fällen nur eine einzige Art, also ausschließlich dieselben Fische, Frösche oder Schnecken enthielten. Denn ein Tornado, der über flaches, küstennahes Wasser hinwegfegt, würde dabei ja alle möglichen Lebewesen und natürlich auch Schlamm und Ablagerungen in die Luft reißen und an anderer, vielleicht sogar weit entfernter Stelle zu Boden fallen lassen.

Fakt ist, dass bislang niemand eine schlüssige Erklärung für die vom Himmel prasselnden Fische, Kröten und anderen Tiere gefunden hat. Nach wie vor handelt es sich nicht nur um eine der eigenwilligsten und skurrilsten, sondern auch unerklärlichsten Launen der Natur.

Auch Fische werden seekrank

Die Seekrankheit heißt deswegen so, weil uns das überaus unangenehme, mit Übelkeit und Brechreiz verbundene Schwindelgefühl besonders schnell und intensiv überfällt, wenn wir an Bord eines Schiffes auf stark bewegter See unterwegs sind. Schuld daran ist unser Gehirn, das von den Sinnesorganen vollkommen widersprüchliche Informationen erhält und gleichsam nicht weiß, was es damit anfangen soll. Während nämlich unsere Augen keinerlei Bewegung der Schiffsaufbauten oder der Wolken wahrnehmen, meldet das im Innenohr gelegene, die Erdanziehung als Bezugsgröße nutzende Gleichgewichtsorgan, dass unser Körper permanent hin- und her- und dazu auch noch auf- und abschwingt. Diese Diskrepanz interpretiert das überforderte Gehirn als Folge einer Vergiftung und löst umgehend die nötigen Reaktionen aus: Kopfschmerzen und Übelkeit als deutliches Warnsignal sowie heftiges Erbrechen, um den vermeintlichen Giftstoff schnellstmöglich wieder loszuwerden.

Nun besitzen aber auch Fische ein Gleichgewichtsorgan. Es befindet sich auf beiden Seiten des Kopfes und ermöglicht den Tieren, im Wasser die Orientierung zu behalten, oben und unten zu unterscheiden und beim Schwimmen nicht planlos hin- und herzutorkeln. Zur Stabilität trägt außerdem noch das sogenannte Seitenlinienorgan bei, das fortwährend die durch die Wasserbewegung ausgelösten Strömungen und Druckwellen erfasst und an das Gehirn weiterleitet, wo diese Informationen ebenfalls verarbeitet und mit den von Augen und Gleichgewichtssinn eingehenden Meldungen verrechnet werden. Gerät ein Fisch daher in heftig bewegtes Wasser, in einen Strudel oder kabbelige Wellen, so hat sein Gehirn dasselbe Problem wie das unsere auf dem schwankenden Schiff – mit der Folge, dass das Tier tatsächlich seekrank wird.

Wissenschaftler haben das in etlichen Experimenten eindeutig bewiesen. Unter anderem haben sie mit Fischen einen sogenannten Parabelflug unternommen, während dessen steiler Abwärtsphase kurzzeitig die Erdanziehungskraft ausfällt, wodurch ein gleichsam schwereloser Zustand entsteht. Prompt fingen die Tiere in ihren Wasserbehältern an zu torkeln, drehten sich planlos um die eigene Achse und erbrachen heftig zuckend die zuvor aufgenommene Nahrung.

Eine besondere Rolle spielt die üble Krankheit bei Fischen, die man in einem Plastikbeutel oder Eimer von einem Aquarium zu einem anderen, beispielsweise von einer Zoohandlung nach Hause transportiert. Denn im Gegensatz zu ihrer natürlichen Umgebung, wo sie sich bei rauem Seegang in einer Felsspalte verstecken oder einfach in tiefere und ruhigere Zonen abtauchen können, haben sie diese Möglichkeit in ihrem schaukelnden Behälter nicht. Vielmehr reizen die starke Wasserbewegung und die dadurch ausgelösten Druckwellen permanent ihr Gehirn. Und wenn der Aquarianer mit seiner Neuerwerbung nicht sehr sorgfältig umgeht, kann es sein, dass die kostspieligen Fische den Heimweg nur schwer-krank oder schlimmstenfalls überhaupt nicht überleben.

Manche Fische sind mal männlich, mal weiblich

Während Männern, die viel lieber Frauen sowie Frauen, die lieber Männer wären – man spricht von »Transsexuellen« –, nur die Möglichkeit bleibt, mittels komplizierter operativer Eingriffe und auch dann nur unvollständig ihr Geschlecht zu wechseln, sieht das bei manchen Tieren ganz anders aus. Einige von ihnen können sogar wahlweise Männchen oder Weibchen sein, je nachdem, was für sie gerade vorteilhafter ist. Vor allem bei Fischen findet man dieses erstaunliche Phä-nomen: Herrscht zum Beispiel bei Anemonenfischen oder Zackenbarschen gerade Frauenmangel – ein relativ häufiges Ereignis, da auf ein Weibchen mehrere Männchen kommen –, so ist das überhaupt kein Problem: Flugs wandeln sich ei-nige der Fischherren in Damen um, und schon stimmt das Geschlechterverhältnis wieder. Umgekehrt funktioniert das natürlich genauso. Offenbar vereinen die betroffenen Fische sowohl männliche als auch weibliche Anlagen in sich und können diese nach Bedarf einsetzen. Besonders krass treiben es in dieser Hinsicht die Zwergsandbarsche, bei denen das auffallend gefärbte Männchen stets dem unscheinbareren Weibchen folgt, um sich mit ihm zu paaren. Hat das Weib-chen dann abgelaicht, färben sich die Partner im Handum-drehen um und vereinen sich erneut, diesmal allerdings mit vertauschten Rollen.

Höchst bemerkenswert verhalten sich auch die Clownfi-sche – der bekannteste ist vermutlich der Filmheld »Nemo« –, die samt und sonders als Männchen zur Welt kommen. Erst später wird dann ein Teil von ihnen, durch Hormone gesteuert, zu Weibchen. Wie viele von dieser Geschlechtsumwandlung betroffen sind, hängt von der Anzahl der anderen, im selben Gebiet lebenden Tiere ab. Je weniger das sind, desto weniger Weibchen sind zwangsläufig darunter, und desto weniger Nachwuchs würde zur Welt kommen, wenn nicht ein Teil der Männchen flugs in die Frauenrolle schlüpfen würde. Und wenn bei einem Clownfischpärchen das Weibchen stirbt, trauert der Witwer nicht lange, sondern ändert ebenfalls kurzerhand sein Geschlecht und sucht sich einfach ein neues Männchen.

Fische hinterlassen Fährten

Dass Wildtiere — etwa Wildschweine, Rehe, Hasen, Füchse oder Marder — beim Umherstreifen, Springen und Flüchten charakteristische Fußspuren in den Boden drücken, aus denen der Kundige nicht nur die Art der Verursacher, sondern vielfach sogar ihre ungefähre Größe sowie die Art ihrer Fortbewegung erkennen kann, ist allgemein bekannt. Weitaus seltsamer mutet es da schon an, dass auch Fische beim Schwimmen artspezifische Fährten hinterlassen. Doch genau das konnten Bonner Zoologen in mehreren Aquarienversuchen einwandfrei nachweisen. Dabei arbeiteten sie mit synthetischen Schwebstoffen, deren charakteristische Verteilungsmuster sie mit Hochgeschwindigkeitskameras und Laserlicht aufzeichneten.

Zwar bleiben von Fischen natürlich keine Fußspuren zurück, dafür erzeugen sie im Wasser typische Wirbel, aus denen sich mit entsprechenden Registriergeräten eindeutig ablesen lässt, wer gerade vorbeigeschwommen ist. Sonnenbarsche etwa verquirlen das Wasser mit ihren Flossen dermaßen, dass ein Raubfisch die Strudel mit seinem strömungsempfindlichen Seitenlinienorgan noch Minuten später wahrnehmen und daraus mit hoher Wahrscheinlichkeit sogar präzise Rückschlüsse auf die Art der Verursacher ziehen kann. Ob die Räuber diese Erkenntnisse allerdings tatsächlich nutzen, um sich heimlich an die Flossen ihrer potentiellen Beutetiere zu heften und im geeigneten Moment zuzuschnappen, ist noch unklar. Fest steht jedoch, dass Fische mit ihrem Seitenlinienorgan viel mehr Details ihrer Umgebung und der darin umherschwimmenden anderen Lebewesen erkennen können, als man bislang angenommen hat.

Fische können auf Bäume klettern

Wem ganz und gar behaglich zumute ist, der fühlt sich einer verbreiteten Redewendung zufolge »wohl wie ein Fisch im Wasser«. Dabei gibt es durchaus Fische, die zum Wohlfühlen gar kein Wasser benötigen, weil es ihnen auch außerhalb des nassen Elements gut geht und sie sogar ausgedehnte Landausflüge unternehmen. Die Rede ist von den Kletterfischen, die in einigen Teilen Afrikas sowie in Indien und Südostasien in mehreren unterschiedlichen Arten vorkommen. Um auf dem Trockenen nicht zu ersticken, verfügen sie neben ihren Kiemen noch über ein zusätzliches Atmungsorgan, das sogenannte »Labyrinth«, weshalb sie auch als »Labyrinthfische« bezeichnet werden. Mit diesem kompliziert aufgebauten und stark durchbluteten Körperteil können sie, ähnlich wie Landtiere mit ihren Lungen, den Sauerstoff der Luft aufnehmen und ihrem Blut zuführen; und das ermöglicht ihnen wiederum, es eine ganze Weile in vertrockneten Flussbetten auszuhalten und von dort aus neue Lebensräume aufzusuchen.

Außerdem sind sie in der Lage, für Fische ausgesprochen

ungünstige Biotope, beispielsweise mit sehr warmem, brackigem und sauerstoffarmem Wasser, zu besiedeln. Ja, einige Arten, allen voran der Kletterbarsch, haben ihre Fähigkeit zu Landausflügen so weit entwickelt, dass sie nicht nur mühelos Stock und Stein überwinden, sondern sogar in der Lage sind, auf Bäume, etwa auf die in ihrem Lebensraum häufigen Palmen, zu klettern. Bei diesen Exkursionen dienen ihnen ihre armartig verlängerten Brust- und Bauchflossen sowie ihre mit einem robusten Stachelrand ausgerüsteten, weit abspreizbaren Kiemendeckel gleichsam als Arme und Beine.

Gäbe es die Kletterfische auch bei uns, so müssten die im flussnahen Gesträuch umherkrabbelnden Fliegen, Spinnen und Käfer nicht nur unentwegt auf hungrige Vögel achten, sondern auch pausenlos ein wachsames Auge auf das Wasser unter sich haben. Sonst könnte es passieren, dass sie auf ihrer hohen Warte Opfer eines sich heimtückisch von unten anschleichenden Fisches werden.

Manche Fische angeln selbst

Dass Fische mit Würmern und trickreich konstruierten künstlichen Ködern geangelt werden, weiß jeder; dass sie aber auch selbst in die Rolle des Anglers schlüpfen können, klingt doch sehr verblüffend. Und doch ist es so. Natürlich sind dazu nicht sämtliche schuppigen Wasserbewohner in der Lage, aber es gibt eine Gruppe von Spezialisten, die es in der Kunst des Fischens im Lauf der Evolution zu wahrer Meisterschaft gebracht haben und daher auch »Anglerfische« heißen. Sie leben in tropischen Meeren und zeichnen sich durch eine auffallende Merkwürdigkeit aus: Der erste ihrer harten Rückenflossenstrahlen ist zu einem langen, schnurförmigen Gebilde umgewandelt, an dessen Spitze ein köderförmiges Etwas in Form eines Wurms, einer kleinen Schnecke oder einer Garnele sitzt, das praktischerweise direkt vor ihrem Maul hin- und herbaumelt. Damit legen sie sich – durch Körperform und -farbe einem Stein, einer Koralle oder einem Schwamm ähnelnd und dadurch perfekt getarnt – am Meeresboden auf die Lauer. Wenn dann ein ahnungsloses Fischlein dahergeschwommen kommt, lassen sie den Köder hin- und herpendeln und bewegen ihn exakt so, als wäre er das, wonach er aussieht. Das muss das hungrige Opfer natürlich genauer in Augenschein nehmen, schwimmt näher an die vermeintliche Mahlzeit heran und schnappt vielleicht gar danach. Darauf hat der Anglerfisch, der sich bisher vollkommen bewegungslos platt an den Untergrund gedrückt hat, nur gewartet. Plötzlich reißt er das riesige Maul auf, das Wasser strömt unterdruckbedingt in einem mächtigen Schwall hinein und reißt das eben noch vergnügt umherschwimmende Fischlein mit. Ein Biss mit den kräftigen Zähnen, ein kurzes Schlucken, und weg ist es. Petri Heil kann man da nur sagen!

Gefrorenes –
Eiskalt, doch keinesfalls kristallklar

Wer gefrieren will, muss heizen

Viele Kühlschränke besitzen ein Tiefkühlfach, um darin Speisen einzufrieren oder Gefrostetes aus dem Supermarkt zu lagern. Doch oft funktioniert das nicht wie gewünscht: Fisch, Fleisch und Obst tauen langsam, aber sicher auf, werden immer labberiger und sind, wenn man das Unheil bemerkt, längst ungenießbar. Das passiert vor allem dann, wenn das Gerät in kühler Umgebung, beispielsweise im kalten Keller, steht.

Denn so paradox es klingt: Das Gefrierfach hat es gerne wärmer! Je niedriger nämlich die Umgebungstemperatur ist, desto seltener springt das Kühlaggregat an. Folge: Das Gefrierfach bekommt zu wenig Kühlmittel ab, und sein Inneres erwärmt sich. Wer seine Kühl-Gefrier-Kombination also in einem Kellerraum stehen hat, muss unbedingt darauf achten, dass es darin nicht zu kalt wird. Besteht – etwa im Winter – die Gefahr, dass die Temperatur unter 14 °C sinkt, so kann er nur dann mit einem perfekt kühlenden Gerät rechnen, wenn er den Raum entsprechend aufheizt. Zwar besitzen viele Kühlgeräte einen Mechanismus, der sich bei niedriger Außentemperatur automatisch einschaltet und die erforderliche Wärme produziert, aber das funktioniert nur bis zu einer gewissen Grenze. Wird es rings um das Gefrierfach zu kalt, ist die Selbstregulation rasch überfordert.

Es ist tatsächlich so: Wer Lebensmittel einwandfrei und dauerhaft einfrieren will, muss vor allem anderen zunächst einmal für ausreichend Wärme sorgen!

Wenn Sie eine Wette gewinnen wollen,
… wetten Sie mit einer Hausfrau, dass Gefrorenes umso schneller verdirbt, je kälter der Gefrierschrank steht.

Gefrorenes kann bei 18 °C schneller auftauen als bei 25 °C

Um Eis in Wasser zu verwandeln, muss man es erwärmen. Wärme ist aber, physikalisch gesehen, nichts anderes als Bewegung; das heißt, je wärmer etwas ist, desto stärker wirbeln seine Moleküle durcheinander. Und je vollkommener eine Substanz diese Bewegung an andere Moleküle weitergibt, desto problemloser leitet es die Temperatur. Metall ist dazu beispielsweise wesentlich besser in der Lage als Holz; deshalb fühlt es sich im Winter bei gleicher Temperatur viel kälter an. Und Wasser ist ein besserer Wärmeleiter als Luft. Davon kann man sich leicht überzeugen, indem man im Sommer aus dem Gefrierfach des Kühlschranks zwei Eiswürfel nimmt und einen davon an der 25 °C warmen Luft stehen lässt, während man den anderen in 18 °C kühles Wasser wirft. Obwohl das Wasser die deutlich niedrigere Temperatur hat, wird sich das Eis darin wesentlich rascher auflösen, weil es seine Wärme – in Form bewegter Moleküle – erheblich schneller zu dem gefrorenen Würfel hinleitet.

Auf dem gleichen Effekt beruht auch die bekannte Tatsache, dass wir uns in 22 °C warmer Luft durchaus behaglich fühlen, während uns Badewasser derselben Temperatur eher frisch vorkommt. Und dass wir es im Sommer in einem Wasserbett kühler haben als in einem konventionellen mit Daunenfedern, hat dieselbe Ursache. Wer also Gefrorenes aus dem Eisschrank möglichst schnell auftauen will und dazu keine Elektrogeräte wie zum Beispiel eine Mikrowelle zur Verfügung hat, sollte das Gefriergut nicht an der Luft stehen lassen, sondern besser in Leitungswasser legen.

Heißes Wasser gefriert schneller als kaltes

Als der tansanische Schüler Erasto Mpemba im Jahr 1963 Eiscreme herstellen wollte, machte er eine überraschende Entdeckung: Erhitzte Milch wurde im Gefrierfach des Kühlschranks deutlich schneller fest als kalte. Tags darauf sprach er seinen Naturwissenschaftslehrer in der Schule auf das erstaunliche Phänomen an, doch der hatte dafür keine Erklärung. Wenig später erfuhr dann der Physikprofessor Osborne von der Beobachtung des Schülers und machte sich unverzüglich daran, der Sache mit umfangreichen Versuchsserien auf die Spur zu kommen. Doch am Ende bestätigte er nur kopfschüttelnd, es stimme tatsächlich, heißes Wasser gefriere rascher als kaltes, doch erklären könne er das paradoxe Phänomen auch nicht. Das ist seither unter dem Namen »Mpemba-Effekt« berühmt geworden.

Aber genaugenommen hatte der Schüler das widersprüchliche Gefrierverhalten nur neu entdeckt, denn vor ihm hatten im vierten vorchristlichen Jahrhundert schon Aristoteles sowie im 17. nachchristlichen René Descartes darüber berichtet. Doch obwohl der Mpemba-Effekt also schon seit der

Antike bekannt ist, kann ihn bis heute noch immer kein Wissenschaftler überzeugend erklären. Zahlreiche Vorschläge wurden gemacht, aber alle haben ihre Schwächen, weshalb über das verblüffende Verhalten gefrierenden Wassers bis in unsere Zeit heftig spekuliert wird.

Eine auf den ersten Blick einleuchtende Erklärung geht davon aus, dass von zwei unterschiedlich temperierten Wassermengen gleichen Volumens, die man parallel abkühlt, die wärmere schneller verdampft, so dass bei Erreichen von 0 °C nicht mehr so viel davon übrig ist wie von der kälteren. Und je kleiner eine Wassermenge ist, desto schneller gefriert sie natürlich. Diese Erklärung wurde jedoch widerlegt, als Forscher dafür sorgten, dass auch die anfänglich heiße Flüssigkeit beim Passieren des Gefrierpunktes exakt das gleiche Volumen aufwies wie die von Anfang an kalte. Auf den Mpemba-Effekt hatte das keinerlei Einfluss.

Dann wurde argumentiert, ein Metallbehälter mit heißem Wasser lasse im Gefrierfach die oberflächliche Eisschicht antauen, so dass der Kontakt zwischen Behälter und kühlender Oberfläche intensiver werde. Aber auch diese These erwies sich als nicht zutreffend, da heißes Wasser auch in einem Behälter schneller gefriert, der den Boden des Gefrierfachs an keiner Stelle berührt. Wieder ein anderer Erklärungsvorschlag geht von im Wasser gelösten Kalzium- und Magnesiumsalzen aus. Diese würden sich bei der Bildung erster Eiskristalle immer mehr im kalten Restwasser ansammeln und den Gefrierpunkt noch weiter senken, wohingegen sie sich beim vorherigen Erhitzen von vornherein absetzten. Doch dagegen spricht, dass der Effekt auch mit destilliertem, also von sämtlichen Salzen befreitem Wasser funktioniert.

Eine weitere mögliche Theorie weist auf die Tatsache hin, dass sich auf kaltem Wasser rasch eine bedeckende Eisschicht bilde, die die weitere Wärmeabgabe massiv behindere, wohingegen die Moleküle in warmem Wasser sich viel stärker bewegten und Strömungen erzeugten, die sie immer wieder in Kontakt mit der außen herrschenden Kälte bringe. Das würde bedeuten, dass sich auf warmem Wasser das erste Eis zwar später bildet, die vollständige Verfestigung infolge der Abkühlung dann aber auch im Inneren wesentlich schneller vonstatten geht.

Wie dem auch sei, fest steht, dass es den Mpemba-Effekt gibt und dass er sich bis heute nicht befriedigend erklären lässt. Falls Sie sich in der Physik einen Namen machen wollen, haben Sie hier ein lohnendes Betätigungsfeld, bei dem Sie für die begleitenden Versuche nicht mehr benötigen als Wasser, ein Gefrierfach und allenfalls noch ein Thermometer. Viel Glück!

Wenn Sie schnell neue Eiswürfel benötigen,
… vergessen Sie nicht, das Wasser vor dem Einfüllen in den Behälter kräftig zu erhitzen.

Man kann Wasser zu Eis gefrieren, ohne es zu kühlen

Stellen Sie sich vor, es ist Sommer und Sie hätten für einen leckeren Cocktail gerne ein wenig Eis, doch leider steht Ihnen kein Gefriergerät zur Verfügung. Falls Sie nun denken, dann müssten Sie das Getränk eben zimmerwarm zu sich nehmen, irren Sie sich. Denn wenn Sie ein bisschen Mühe nicht scheuen, können Sie das Eis auch ganz ohne technische Hilfsmittel herstellen. Dazu schütten Sie Wasser in einen – am besten aus Metall bestehenden – Becher und stellen diesen wiederum in eine größere, ebenfalls mit Wasser gefüllte Schüssel. In diese lassen Sie unter ständigem Umrühren Salz hineinrieseln, das sich naturgemäß rasch auflöst. Wenn Sie nun unverdrossen immer mehr Salz hinzugeben, passiert allmählich Erstaunliches: Das Wasser im Becher gefriert zu Eis.

Woran das liegt? Nun, genauso wie Eis zu Wasser wird, wenn man es erwärmt (und damit die Wasserteilchen aus der starren Kristallstruktur des Eises herauslöst), so benötigen auch Salzkristalle Energie in Form von Wärme, um auseinanderzureißen und die einzelnen Teilchen freizugeben, die sich daraufhin in der Lösung viel freier bewegen als im starren Gitterverband. Und diese Wärme entzieht das Salz ganz einfach dem umgebenden Wasser, das dadurch immer kälter wird. Schließlich erreicht die Lösung in der Schüssel die erstaunlich tiefe Temperatur von minus 10 °C, und das reicht allemal aus, um das Wasser im Becher gefrieren zu lassen.

Dass das prima funktioniert, wussten übrigens schon unsere Groß- und Urgroßmütter. Sie nutzten den Trick, um in einer Zeit, in der es noch keine Kühlgeräte gab, schmackhaftes Speiseeis herzustellen. Dazu schütteten sie die flüssige Sahnemischung in einen Metallbehälter und stellten diesen in ein Wasserbad, dem sie eifrig Salz zugaben. Wenn sie dann noch fleißig umrührten, mussten sie gar nicht lange warten, bis das Eis im inneren Behälter so weit gefroren war, dass sie es sich genüsslich schmecken lassen konnten.

Man kann Eis schmelzen, ohne es zu erwärmen

Wenn Sie das nicht glauben, lassen Sie im Winter einmal Wasser in einem Behälter zu einem Eisblock gefrieren, legen einen Draht darüber und hängen beidseits Gewichte daran.

Dann wird das Eis dort, wo der Metallfaden aufliegt, unverzüglich beginnen, sich in Wasser zu verwandeln; und wenn Sie eine Weile warten, hat sich der Draht komplett durch das Eis hindurchgeschmolzen. Das bedeutet jedoch nicht, dass der Block auseinanderbricht, denn oberhalb des Drahtes friert der schmale Spalt sofort wieder zu.

Die Erklärung für dieses seltsame Phänomen liefert die sogenannte »Dichteanomalie des Wassers«. Die beschreibt die Tatsache, dass Wasser in Gestalt von Eis leichter ist als in flüssiger Form, und das liegt wiederum daran, dass die Wassermoleküle im Eis weniger dicht gepackt sind. Das ist keinesfalls selbstverständlich und daher tatsächlich eine »Anomalie«, denn alle anderen Flüssigkeiten werden beim Abkühlen aufgrund der engeren Zusammenlagerung der Moleküle kompakter und damit schwerer.

Festes Eis aber ist tatsächlich leichter als flüssiges Wasser (das hängt mit den sogenannten »Wasserstoffbrücken« zusammen, die die elektrisch nur schwach, aber vor allem ungleichmäßig geladenen Wassermoleküle einerseits miteinander verbinden, andererseits aber auch für einen gewissen Abstand sorgen). Deshalb schwimmt Eis an der Oberfläche, und deshalb frieren Gewässer – zum Glück für sämtliche Fische und sonstiges See-, Fluss- und Meeresgetier – stets von oben nach unten und nicht in umgekehrter Richtung zu. Wenn nun – um beim obigen Beispiel zu bleiben – der Draht auf das Eis drückt, presst er die Wasserteilchen eng zusammen, erhöht damit ihre Dichte und erzwingt so Verhältnisse wie im flüssigen Zustand, mit der Folge, dass das Eis schmilzt. Derselbe Effekt ist übrigens dafür verantwortlich, dass sich Schnee verflüssigt, wenn er unter Druck gesetzt wird. Würde er sich dabei – wie alle anderen Materialien – verfestigen, so könnten Skifahrer und Snowboarder ihren Sport nicht ausüben. So aber gleiten sie auf einer dünnen, druckbedingten Wasserschicht dahin. Deshalb ist die Dichteanomalie des Wassers nicht nur für sämtliche Fische, die unter dem Eis am Leben bleiben, sondern auch für Wintersportler ein wahrer Segen.

Der Vollständigkeit halber sei noch erwähnt, dass es für den unter Skibrettern kurzzeitig entstehenden Wasserfilm noch eine zweite mögliche Erklärung gibt, die ebenfalls von etlichen Wissenschaftlern propagiert wird. Die behaupten nämlich, der von einem auf Schnee dahingleitenden Menschen erzeugte Druck (immerhin mehrere tausend Kilo pro Quadratzentimeter) sei zwar durchaus in der Lage, die kalte Unterlage oberflächlich anzuschmelzen, reiche aber nicht aus, um den Verflüssigungsprozess schnell genug in Gang zu bringen. Vielmehr sei es vorrangig die Reibung zwischen den weißen Kristallen auf der einen und dem Ski auf der anderen Seite, die durch die dabei entstehende Wärme den eigentlichen Schmelzeffekt bewirke.

Wie dem auch sei, fest steht, dass man Schnee und Eis allein dadurch verflüssigen kann, dass man kräftig darauf drückt. Und ob der Ski den dünnen Wasserfilm, ohne den kein Gleiten möglich wäre, aufgrund dieses Prinzips oder wegen der dabei entstehenden Reibungswärme entstehen lässt, kann dem zu Tal gleitenden Sportler im Grunde egal sein, zumal vermutlich beide Effekte zusammenwirken.

Frostschutzmittel brauchen Wasser

Wenn die kalte Jahreszeit naht und Meteorologen vor einem harten Winter warnen, glauben nicht wenige Autofahrer, sie würden ihrem Motor und sich selbst etwas Gutes tun, wenn sie in den Kühler und die Scheibenwaschanlage ausschließlich Frostschutzmittel einfüllen – getreu dem Motto: Viel hilft viel. Damit handeln sie aber genau verkehrt, denn der Gefrierverhinderer kann seine Aufgabe nur dann perfekt erfüllen, wenn man ihn mit reichlich Wasser verdünnt. Eine Mischung aus Äthylenglykol und Wasser wird nämlich erst bei minus 37 °C zu Eis, während unverdünntes Frostschutzmittel bereits bei minus 12 °C erstarrt.

Dass der Zusatz überhaupt das Gefrieren von Wasser erschwert, liegt daran, dass er die dazu nötige Kristallbildung verhindert. Denn damit größere Eiskristalle entstehen, müssen die Wassermoleküle ihr im flüssigen Zustand ziemlich planloses Durcheinander aufgeben und sich in einer streng reglementierten Formation anordnen. Das können sie aber nicht, wenn ihnen ständig artfremde Moleküle in die Quere kommen. Deshalb gefriert das Glykol-Wasser-Gemisch niemals in Gestalt eines großen Eisbrockens, sondern allenfalls als schlammige, aus kleinsten Eiskristallen bestehende Masse. Außerdem verdünnt das Frostschutzmittel das Wasser, verringert also die Menge der Moleküle in einem bestimmten Volumen – und auch das erschwert natürlich die Bildung geordneter Eiskristalle.

Warum gefriert dann aber reines Frostschutzmittel schneller als verdünntes? Nun, das liegt daran, dass die Äthylenglykolmoleküle von den Wasserteilchen ebenso an der Kristallbildung gehindert werden wie umgekehrt. Das Glykol erniedrigt also den Gefrierpunkt des Wassers, und das Wasser senkt umgekehrt denjenigen des Glykols. Oder um es anders auszudrücken: Das Frostschutzmittel hindert das Wasser am Gefrieren, und das Wasser tut mit dem Frostschutzmittel umgekehrt genau dasselbe. Deshalb sind die beiden nur gemeinsam stark – jeder für sich genommen würde in einem strengen Winter jämmerlich versagen.

Geschlecht –
Nicht immer eindeutig

Ein Mädchen kann ein Junge sein

Anja war ein Mädchen, das von ihren Freundinnen wegen ihrer besonderen Schönheit beneidet wurde. Sie hatte volles, dunkles Haar, große braune Augen und ungewöhnlich lange Wimpern. Als sie in die Pubertät kam, bekam sie kleine, auffallend feste Brüste, doch merkwürdigerweise keine Spur von Schamhaar. Und keine Menstruation. Als sich diese auch dann nicht einstellen wollte, als sämtliche Schulkameradinnen längst ihre Periode hatten, gingen die Eltern mit ihr zum Arzt, und da kam etwas ans Licht, mit dem niemand – am wenigsten Anja selbst – gerechnet hatte: Sie war ein Junge!

Dass das bisher nicht aufgefallen war, lag daran, dass Anja unter einer hormonellen Abnormität litt, die Mediziner »testikuläre Feminisierung« nennen, was sinngemäß etwa so viel bedeutet wie »Verweiblichung mit Hoden«. Diese tritt bei etwa einer von 25.000 Geburten auf, wobei die Betroffenen äußerlich immer weiblich sind. Sie besitzen eine – jedoch meist blind endende – Scheide und nicht selten sogar eine Gebärmutter. Und dennoch sind sie vom chromosomalen Geschlecht her eindeutig Jungen (Geschlechtschromosomen XY, im Gegensatz zur üblichen weiblichen Kombination

XX), allerdings mit verkümmertem Penis und mit Hoden, die im Inneren der großen Schamlippen verborgen bleiben. Die Ursache liegt in einem seltenen Gendefekt, der verhindert, dass das von den Hoden in ausreichender Menge gebildete männliche Geschlechtshormon Testosteron die Zielgewebe erreicht und diese in Richtung Mann ausformen kann. Dadurch gewinnen die – auch im männlichen Körper vorhandenen – weiblichen Sexualhormone die Oberhand und sorgen dafür, dass der Junge äußerlich wie ein Mädchen aussieht.

In der Regel wird die Anomalie, wie bei Anja, viele Jahre lang überhaupt nicht erkannt, und das Kind wächst wie jedes andere heran. Auffällig wird die testikuläre Feminisierung meist erst, wenn sich bei dem vermeintlichen Mädchen keine Monatsblutung einstellt. Heilen lässt sich der Gendefekt nicht; die betroffenen »Frauen« sind stets unfruchtbar und können sich allenfalls damit trösten, dass sie – wie Anja – fast immer auffallend hübsch sind.

> **Wenn Sie mal wieder einen Mann um seine schöne Freundin beneiden,**
> … trösten Sie sich mit dem Gedanken, dass die weniger attraktiven Frauen zumindest sicher weiblich sind.

Häufiges Haarewaschen kann die Geschlechtsreife beschleunigen

Seit einigen Jahren beobachten amerikanische Ärzte, dass vor allem dunkelhäutige Mädchen immer früher in die Pubertät kommen. Bei der Hälfte von ihnen entwickeln sich

Brustansatz und Schamhaare schon mit acht Jahren! Über die Frage, warum das so ist, hat man lange gerätselt, doch seit einiger Zeit glauben Forscher, der Ursache der extremen Frühreife auf die Spur gekommen zu sein: Es sind mit ziemlicher Sicherheit östrogenhaltige Haarwaschmittel, die die körperliche Reifung derart beschleunigen. Diese Shampoos werden vor allem von afro-amerikanischen Mädchen, kaum aber von ihren hellhäutigen Geschlechtsgenossinnen verwendet. Dadurch erklärt sich die Tatsache, dass bei weißen Mädchen die Rate der pubertierenden Achtjährigen mit knapp 15 Prozent weitaus niedriger liegt als bei ihren dunkelhäutigen Geschlechtsgenossinnen. Bereits in einer früheren Untersuchung hatten die Forscher festgestellt, dass hormonhaltige Haarwaschmittel bei jungen Mädchen Anzeichen einer beginnenden Pubertät auslösen, die sich nach Wechsel des Shampoos glücklicherweise wieder zurückbilden.

Die deutschen Mütter brauchen sich um ihre Töchter in dieser Hinsicht keine Sorgen zu machen: Hormonhaltige Kosmetika sind in der gesamten EU verboten. Hat ein Mädchen jedoch – beispielsweise über das Internet – Zugang zu außereuropäischen Produkten und bestellt sich so ein vermeintliches Wundershampoo, könnten sich auch bei ihr Schamhaare und Brüste in verblüffendem Tempo entwickeln.

Bei einigen Lebewesen gibt es 13 Geschlechter

Bei den meisten Tieren, die sich sexuell fortpflanzen, gibt es Männchen und Weibchen, deren Keimzellen irgendwie zueinander gelangen und miteinander verschmelzen müssen, damit Nachwuchs entstehen kann. Daneben finden sich bei etlichen Formen Zwitter, die über Fortpflanzungsorgane beider Geschlechter verfügen. Doch es gibt eine Gruppe von

Lebewesen, die sich damit bei weitem nicht begnügen; das sind die Schleimpilze und von diesen wiederum die vielköpfige Art *Physarum polycephalum*. Bei der lassen sich tatsächlich nicht nur männliche und weibliche Individuen, sondern nicht weniger als elf Zwischenstufen unterscheiden. In Gestalt gelber, aus vielen tausend einzelnen Pilzen bestehender Schleimklumpen kriechen sie durch unsere Wälder. Wenn die Nahrung knapp oder der Boden zu trocken wird, strecken sie kleine, auf Stielen sitzende Köpfchen in die Höhe, die bis zum Rand mit Sporen gefüllt sind. Die werden dann vom Wind in alle Richtungen fortgeweht, und wenn sie auf feuchten Untergrund fallen, schlüpfen daraus kleine begeißelte Geschlechtszellen, die sogenannten Gameten. Und von denen gibt es eben nicht nur weibliche und männliche, sondern dazu noch all die besagten Zwischenformen. Die machen sich unverzüglich auf den Weg, um schlängelnd geeignete Geschlechtspartner zu finden.

Und jetzt wird es kompliziert. Denn eher männliche Gameten können sich nur mit eher weiblichen vereinigen, aber die jeweilige Rolle wird immer erst kurz vor der Fortpflanzung festgelegt. Trifft ein halbmännlicher auf einen halbweiblichen, ist die Sache einfach; finden aber zwei eher männliche oder weibliche zusammen, muss einer seine geschlechtliche Identität wechseln und in die Rolle des erforderlichen Partners schlüpfen. Doch damit nicht genug. Denn unter den Gameten gibt es auch eindeutig männliche und weibliche, und zwar unabhängig davon, welcher Partner da gerade angekrochen kommt. Und dann sind da noch die ganz und gar flexiblen, die sich wahllos mit Nur-Frauen, Nur-Männern oder Je-nachdem-Geschlechtern paaren. So ist zwar immer für ausreichend Nachwuchs gesorgt, aber der tiefere Sinn des Ganzen erschließt sich auch kundigen Biologen nicht.

Denn alle anderen sich sexuell fortpflanzenden Lebewesen beweisen doch eindeutig, dass die Vermehrung auch erheblich weniger kompliziert funktioniert.

Bei einer Fischart sind sämtliche Tiere Weibchen

Es geht hier um den Amazonenkärpfling, bei dem tatsächlich sämtliche Tiere weiblichen Geschlechts sind. Das funktioniert, weil sich die Eier der Fischdamen gänzlich ohne männliches Erbgut zu neuen Individuen entwickeln können. Dazu ist lediglich erforderlich, dass maskuline Spermien so etwas wie einen kleinen Anschubser liefern, und diese Spermien können ohne weiteres auch von anderen, gattungsverwandten Fischen stammen. Männchen solcher Arten werden von den Amazonenkärpflingsdamen gleichsam unter Vorspiegelung falscher Tatsachen zur Kopulation verführt und geben dabei die zum mechanischen Anstoß der Eireifung erforderlichen Spermien ab. Aber wie gesagt, ohne dass eine Befruchtung, also eine Verschmelzung mit den weiblichen Eizellen stattfindet!

Die Nachkommen der Fische sind daher logischerweise allesamt Töchter, die mit ihrer Mutter genetisch vollkommen übereinstimmen, also Klone. Auf dieses ungewöhnliche Fortpflanzungsverhalten geht auch der Name »Amazonenkärpfling« zurück. Der leitet sich nämlich nicht etwa vom südamerikanischen Amazonasstrom ab, sondern von dem kriegerischen Frauenstamm der griechischen Mythologie, der ohne Männer lebte. Der kleine, aber wesentliche Unterschied zwischen den reizbaren Damen und den friedlichen Fischen besteht darin, dass die Amazonen ihre neugeborenen Knaben kurzerhand töteten, während die Kärpflinge erst gar keine männlichen Nachkommen hervorbringen.

Bei Krokodilen bestimmt die Temperatur das Geschlecht der Nachkommen

Die Eier von Krokodilen unterscheiden sich stark von denjenigen anderer Tiere, zum Beispiel von Hühnern und Enten. Deren Eier sind nämlich unterschiedlich gefärbt, während die der mächtigen Echsen ausnahmslos weiß sind. Außerdem haben sie eine harte Schale und vor allem eine überaus zähe innere Haut. Deshalb halten sie eine Menge aus und zerbrechen selbst bei derben Stößen oder Stürzen nur selten. Doch obwohl die Eier so robust sind, bewacht das Krokodilweibchen sie nach der Ablage in einem Sandnest sehr aufmerksam und ist in dieser Zeit höchst aggressiv. Kommt irgendein anderes Tier dem Nest zu nahe, reißt es sofort das riesige Maul auf und greift den vermeintlichen Eiräuber mit wütendem Fauchen an.

Das eigentlich Erstaunliche an Krokodileiern ist jedoch, dass die in ihrem Inneren stattfindende Geschlechtsentwicklung des Nachwuchses von der Außentemperatur abhängt: Bei Nilkrokodilen beispielsweise hat man mittels exakter Messungen festgestellt, dass aus ihnen bei einer Bruttemperatur unter 32 °C ausschließlich Weibchen, ab 34,5 °C dagegen nur Männchen und dazwischen beide Geschlechter zu gleichen Teilen schlüpfen. Entscheidend sind dabei die ersten 20 Tage nach der Ablage der Eier. Gräbt die Mutter diese daher beim Legen in verschiedenen Tiefen mit unterschiedlichen Temperaturen ein, ist die Wahrscheinlichkeit groß, dass daraus gleich viele männliche und weibliche Jungkrokodile schlüpfen.

Ähnlich temperaturabhängig funktioniert die Geschlechtsbestimmung übrigens auch bei einigen Schildkröten- und Eidechsenarten.

Gift –
Lebensgefahr, wo man sie nicht vermutet

Mit 1 Gramm Gift kann man 250 Millionen Menschen töten

Immer mehr Menschen – vorzugsweise Frauen, aber zunehmend auch Männer – wollen sich nicht damit abfinden, dass ihre Haut mit zunehmendem Alter schlaffer und damit naturgemäß auch runzliger wird. Um möglichst lange den Anschein zu erwecken, jünger zu sein als sie tatsächlich sind, scheuen sie weder Unannehmlichkeiten noch Kosten und lassen sich die lästigen Falten bei einem Schönheitschirurgen einfach »wegspritzen«. Kaum einer von ihnen hat in der Regel eine Ahnung, dass das zu diesem Zweck verwendete »Botox« das stärkste bekannte Gift der Welt ist. Tatsächlich haben Wissenschaftler errechnet, dass man mit der minimalen Menge von gerade einmal 25 Gramm (wie wenig das ist, kann man sich veranschaulichen, wenn man einmal dasselbe Quantum Mehl abwiegt) die gesamte Menschheit umbringen könnte.

Mit vollem Namen heißt die Substanz »Botulinumtoxin«, was übersetzt so viel wie »Wurstgift« bedeutet (lat. »botulus« = Wurst). Das rührt daher, dass sich der Verursacher, ein Bakterium namens *Clostridium botulinum*, mit Vorliebe in verdorbenen Fleisch- und Wurstwaren vermehrt, wo es sein verheerendes Toxin produziert. Dazu benötigt es säurefreie, extrem sauerstoffarme Bedingungen und einen geeigneten Nährboden. Beides findet es in Wurstkonserven in idealer Weise. Tatsächlich kam es früher, als die Sterilisierungstechnik noch nicht so perfekt war wie heute, immer wieder vor, dass einige wenige Sporen – extrem widerstandsfähige Dauerformen von Bakterien – das kurzzeitige Erhitzen überlebten und während der Lagerung der Konserven in aller Ruhe auskeimten. Wie man sich vorstellen kann, mit verheerenden Folgen. Heutzutage erhitzt man kritische Produkte so lange und so hoch, dass sämtliche Entwicklungsstadien der gefährlichen Mikroorganismen zuverlässig abgetötet werden und daher kein Botulinumtoxin mehr produzieren können.

Dieses Gift ist deshalb so gefährlich, weil es schon in geringsten Spuren die Übertragung von Nervenimpulsen auf die Muskeln blockiert, indem es die Ausschüttung des dafür erforderlichen Botenstoffs (Neurotransmitters) Acetylcholin unterbindet. Auf diese Weise verhindert es unter anderem, dass sich die Atemmuskeln bewegen, und das führt unweigerlich dazu, dass der betroffene Mensch qualvoll erstickt.

»Und so ein Teufelszeug verwendet man in der Gesichtschirurgie?«, werden Sie fragen. Ja, das tut man tatsächlich, allerdings in extremer Verdünnung. In einer derart minimalen Konzentration unterbindet der Stoff noch immer zuverlässig, dass sich in seiner unmittelbaren Umgebung winzige Muskeln zusammenziehen, was im Gesicht ja die Ursache der verhassten Falten ist. Ein Effekt auf weiter entfernte und vor allem größere Muskeln ist dabei jedoch glücklicherweise nicht zu befürchten. Allerdings ist die Wirkung nur von begrenzter Dauer, denn mit der Zeit bilden die derart blockierten Nerven neue Ausläufer, die dann wieder uneingeschränkt in der Lage sind, ihre Aufgabe zu erfüllen.

Kartoffelpflanzen sind giftig

Geschmäcker sind bekanntlich verschieden: Was dem einen beim Essen Laute wonnigen Entzückens entlockt, wird von einem anderen mit einem entschiedenen »Pfui!« zur Seite geschoben. Doch es gibt ein paar Grundnahrungsmittel, die eigentlich jeder mag: Brot und Brötchen gehören dazu, mit gewissen Abstrichen Nudeln und ganz gewiss Kartoffeln in der einen oder anderen Zubereitungsform. Dabei stammen die von einem ausgesprochen giftigen Gewächs! Giftig ist die Kartoffelpflanze allerdings nur da, wo sie grün ist. Dort – also auch in unreifen Anteilen der Knollen – enthält sie nämlich beträchtliche Mengen sogenannter »Solanum-Alkaloide«. Dass die alles andere als ungefährlich sind, bekamen schwedische Bauern zu spüren, die im 17. Jahrhundert auf Anordnung der Regierung die ihnen weitgehend unbekannten Kartoffeln anbauen mussten. Irrtümlich hielten sie die grünen, tomatenähnlichen Früchte und nicht die unterirdischen Knollen für die genießbaren und nahrhaften Teile – und wurden durch die Bank schwer krank. Denn tatsächlich kann man nur die braunen, mehr oder minder kugeligen Gebilde essen, in denen die Pflanze Stärke speichert und die man nicht einfach pflücken kann, sondern vor dem Verzehr mühsam aus dem Boden buddeln muss.

Eigentlich muss man sich nicht wundern, dass Kartoffelpflanzen Gift enthalten, gehören sie doch zu den Nachtschattengewächsen, die fast alle gefährliche Toxine produzieren: so zum Beispiel der Stechapfel, der Tabak oder die Tollkirsche. Doch andererseits besitzen viele von ihnen, etwa die Tomate, die Paprika und die Aubergine, auch ausgesprochen schmackhafte und zum Glück vollkommen harmlose Früchte.

Wenn die Pflanzen in ihren grünen Anteilen gesundheits-
gefährdende Substanzen produzieren, tun sie das natürlich
nicht, um uns Menschen zu vergiften, sondern um sich damit gegen Fressfeinde, vor allem Insekten, zur Wehr zu setzen. Dass ihnen das allerdings nur sehr bedingt gelingt, beweisen die schwarz-gelb gestreiften Käfer, die mit großer
Begeisterung an ihren fleischigen Blättern nagen und daher den Namen »Kartoffelkäfer« bekommen haben. Die mit
der Pflanzennahrung aufgenommenen Toxine machen ihnen
nicht das Geringste aus und mindern ihre Fresslust in keiner Weise. Tatsächlich können die unersättlichen Krabbler
in kurzer Zeit ganze Felder leer fressen. Wir Menschen sind
dagegen gut beraten, es ihnen nicht nachzutun, sondern uns
ausschließlich an die braunen, unterirdisch wachsenden
Knollen zu halten.

»Light«-Zigaretten sind giftiger als normale Zigaretten

Wer sich ein ums andere Mal bemüht, das Rauchen aufzuge-
ben, aber immer wieder rückfällig wird, versucht nicht selten, die bekanntermaßen schädlichen Auswirkungen der
fatalen Sucht dadurch zu begrenzen, dass er zu Light-Produkten greift. Diese können ja, darauf lässt der Name schließen, nicht so viele üble Bestandteile enthalten und müssen
daher wohl »gesünder« sein. Doch wer so denkt, unterliegt
einem verhängnisvollen Irrtum. Denn US-Forscher haben
bei Versuchen an Mäusen genau das Gegenteil festgestellt:
Die angeblich »leichten« Zigaretten geben beim Verbrennen
mehr giftige Substanzen ab als die normalen. Dabei sind frü-
here Tests bereits berücksichtigt, die eindeutig ergeben
haben, dass Raucher an Light-Zigaretten unbewusst kräftiger ziehen und den Qualm intensiver inhalieren; ein Verhal-

ten, das schon für sich genommen den vermeintlich positiven Effekt ins Gegenteil verkehrt.

Bei dem Experiment, von dem hier die Rede ist, haben Wissenschaftler den – sowohl inhalierten als auch aus abgelegten Zigaretten aufsteigenden – Tabakrauch auf Stammzellen von Mäusen losgelassen und dabei den schädigenden Einfluss auf Fortpflanzung und Entwicklung des Nachwuchses, aber auch auf Zellwachstum und -teilung erwachsener Nager gemessen. Und der war bei Light-Produkten deutlich ausgeprägter als bei herkömmlichen Glimmstängeln. Da Light-Tabak aber tatsächlich weniger Nikotin enthält als normaler, kann dieser Effekt nur auf weitere, im Rauch enthaltene Zusatzstoffe zurückzuführen sein.

Wer sich jetzt allerdings damit tröstet, was für Mäuse gelte, könne ja nicht ohne weiteres auf Menschen übertragen werden, muss sich inzwischen eines Besseren belehren lassen. Denn die Forscher haben ihre Versuche mittlerweile auch auf menschliche Stammzellen ausgedehnt und dabei praktisch dieselben Wirkungen festgestellt.

Es bleibt also dabei: Wer seinen Körper vor den fatalen Folgen des Rauchens schützen will, sollte möglichst ganz darauf verzichten. Auf Light-Zigaretten umzusteigen, ist mit Sicherheit keine Lösung. Da deren Rauch vor allem Stammzellen und damit die Grundbausteine jeglicher Gewebebildung schädigt, gilt das ganz besonders für werdende Mütter.

Haushalt –
Ungewöhnliches gegen Fleckenteufel und üble Keime

In der Küche steckt man sich leichter an als auf der Toilette

Vor allem Frauen haben oft erhebliche Hemmungen, öffentliche Toiletten zu benutzen, weil sie befürchten, sie könnten sich dort mit krank machenden Keimen infizieren. Deshalb erledigen sie die Angelegenheit entweder »schwebend« oder mit Hilfe von Papiertaschentüchern, die sie vorher umständlich auf der Klobrille drapieren. Doch diese Vorsichtsmaßnahmen sind ganz und gar überflüssig, denn erstens gibt es auf ständig mit Wasser gespülten Toiletten so gut wie keine gefährlichen Keime, und zweitens ist die Haut, mit der allein man ja die Brille berührt, auch für die aggressivsten Bakterien eine absolut unüberwindliche Barriere.

Weitaus bedenklicher sind da ganz andere Räumlichkeiten, beispielsweise das häusliche Büro, in dem heutzutage fast überall ein Computer steht. Denn zu diesem gehört untrennbar eine Tastatur, und auf der tummeln sich – das haben umfangreiche Untersuchungen übereinstimmend ergeben – massenhaft Bakterien, die durchaus über den Mund oder über kleine Wunden in den Körper gelangen können.

Weitaus am stärksten mit Keimen beladen aber ist die Küche. Das liegt nicht zuletzt daran, dass dort ständig mit ver-

derblichen Lebensmitteln hantiert wird, von denen selbst
bei noch so großer Reinlichkeit kleinste Reste in Fugen und
Ritzen verschwinden und dort einen idealen Nährboden für
Keime aller Art bilden. Hinzu kommt, dass das Raumklima
in Küchen in der Regel warm und oft auch feucht ist – ebenfalls traumhafte Bedingungen für Bakterien, Einzeller und
mikroskopisch kleine Pilze. Als üblicherweise ganz besonders keimbeladen haben Wissenschaftler die schmale Ab-
flussrinne an der inneren Kühlschrankrückwand ausge-
macht. Dort treiben sich sogar noch mehr potentiell krank
machende Mikroorganismen herum als auf dem ebenfalls
dicht bevölkerten Spüllappen.

Was also ist zu tun? Nun, da gibt es ein paar einfache und
wirksame Regeln, die maßgeblich dazu beitragen, das Risiko einer Infektion in der Küche zu minimieren. So gehören
verderbliche Lebensmittel nach dem Einkauf sofort in den
Kühlschrank. Und Tiefkühlkost sollte man möglichst langsam auftauen, dann haben Bakterien weniger Chancen, sich
anzusiedeln. Man legt sie also am besten aus der Gefrier-
truhe ebenfalls erst einmal in den Kühlschrank. Messer und
Schneidebretter sollte man nie hintereinander für zwei völlig unterschiedliche Lebensmittel benutzen, sondern für das
nach dem Fleisch zerkleinerte Gemüse besser ein neues Messer und ein neues Brett verwenden. Das sollte übrigens besser aus schnell trocknendem Holz als aus lange feucht blei-
bendem Kunststoff bestehen. Wissenschaftler haben nämlich
festgestellt, dass Keime wie Salmonellen oder Kolibakterien
auf Holzbrettern rasch absterben, während sie auf einer
Plastikoberfläche nicht nur lange am Leben bleiben, sondern
sich sogar noch vermehren. Allerdings sollte auch ein Holz-
brett möglichst keine tiefen Riefen aufweisen, weil sich Bakterien sonst auch in diesen mit Vorliebe festsetzen.

Wichtig ist zudem, Arbeitsplatte, Herd und Küchenboden jeden Tag mit heißem Wasser und vielleicht etwas Scheuermilch zu reinigen. Damit entfernt man die Mikroorganismen, bevor sie sich häuslich einrichten können. Auch den Kühlschrank sollte man regelmäßig auswischen, und Wischlappen sowie Schwämmchen können gar nicht oft und heiß genug durchgespült werden. Schließlich ist es wichtig, den Mülleimer lieber einmal zu früh als zu spät zu leeren. Denn in den darin befindlichen Essensresten vermehren sich bei der üblicherweise herrschenden Feuchtigkeit und Wärme Kleinstlebewesen in Rekordtempo.

Und wie steht es mit den viel gepriesenen Desinfektionsmitteln? Dazu lesen Sie am besten den folgenden Abschnitt.

Antibakterielle Reinigungsmittel fördern das Bakterienwachstum

Wenn man weiß, wie viele Bakterien und andere Mikroorganismen sich speziell in der Küche tummeln, könnte man leicht auf die Idee kommen, dagegen mit radikalen Mitteln vorzugehen. Das ganz besonders, weil die Werbung nicht müde wird, die angeblich für die Gesundheit so segensreichen Wirkungen von Desinfektions- und antibakteriellen Reinigungsmitteln anzupreisen. Mit solchen, vollmundig als »neuartig« titulierten Reinigern soll es in der Küche, so wird behauptet, nicht nur sauber, sondern »rein« zugehen. Doch dabei ist Vorsicht geboten!

Denn schließlich ist eine Küche kein Operationssaal. Und jeder Mensch muss zwangsläufig mit Keimen in Berührung kommen, damit sein Immunsystem lernen kann, sich dagegen zur Wehr zu setzen. Nicht umsonst sind Kinder, die auch einmal im Schmutz wühlen und dabei zwangsläufig Dreck in den Mund bekommen, im Durchschnitt deutlich gesünder als ihre Altersgenossen, die möglichst steril heranwachsen. Um es kurz zu machen: Experten des Umweltbundesamtes und des Bundesinstituts für Risikobewertung sind sich in ihrer plakativen Aussage einig: »Desinfektionsmittel und antibakterielle Reiniger haben in normalen Haushalten nichts zu suchen!« Dabei denken sie nicht nur an die massive Störung der gesunden Hautflora, die beim Umgang mit derart aggressiven Substanzen unvermeidlich ist, sondern auch an die erhebliche Gefährdung der Umwelt. Denn die Reiniger gelangen mit dem Spülwasser letztlich in Flüsse und Meere (Kläranlagen entfernen nur einen Teil der bedenklichen Substanzen), wo sie sich mehr und mehr anreichern und sowohl Tier- als auch Pflanzenwelt erheblich beeinträchtigen.

Doch das entscheidende Problem ist, dass Desinfektions- und antibakterielle Reinigungsmittel, so paradox es klingt, auf längere Sicht die Vermehrung von Bakterien nicht hemmen, sondern sogar massiv fördern. Krankenhäuser sind dafür ein schlagender Beweis: Nirgendwo sonst ist die Gefahr, sich mit krank machenden Keimen anzustecken, größer als dort. Der Grund liegt in der unvermeidlichen Heranzüchtung resistenter Stämme. Denn unter den Bakterien gibt es durch zufällige Veränderungen des Erbguts, sogenannte »Mutationen«, immer einige wenige, denen das jeweilige Mittel nichts anhaben kann. Normalerweise werden sie von ihren »Kollegen«, mit denen sie sich den begrenzten Lebensraum und die zur Verfügung stehende Nahrung teilen müssen, in Schach gehalten. Wenn nun aber ein Großteil dieser sogenannten »Konkurrenzkeime« abstirbt, können sich die resistenten Kulturen praktisch ungehindert vermehren. Und denen vermögen die angeblichen Superreiniger, wie gerade erklärt, nicht das Geringste anzuhaben. Wer also Wert darauf legt, seine Wohnung und speziell die Küche mit möglichst vielen und möglichst widerstandsfähigen Kleinstlebewesen – vornehmlich Bakterien, aber auch Einzellern und Pilzen – zu teilen, der braucht nur reichlich antibakterielle Reinigungsmittel zu verwenden. Alles andere erledigen die winzigen Mitbewohner dann ganz von allein.

> **Wenn Sie Wert darauf legen, dass Ihre Kinder ständig krank sind,**
> *… reinigen Sie Ihre Wohnung möglichst oft mit desinfizierenden Mitteln.*

Gegen üble Gerüche hilft Edelstahl

Köche waren die ersten, die es – wohl eher zufällig – bemerkt haben: Wenn sie ihre Hände, nachdem sie mit Fisch, Zwiebeln oder Knoblauch hantiert hatten, unter fließendem Wasser an einem Stück Edelstahl rieben, verschwand der abstoßende Geruch, und schon nach kurzer Zeit duftete die Haut wieder frisch und angenehm. Davon erfuhr irgendwann einmal auch ein Hersteller nützlicher Haushaltsartikel, der darin sofort das Potential für eine lukrative Neuentwicklung erkannte. Und nach etlichen erfolgversprechenden Versuchen brachte er eine Art Seife auf den Markt, die mit herkömmlichen Produkten dieser Art allenfalls die Form gemeinsam hatte, aber ansonsten weder glitschig war noch schäumte, da sie aus reinem Stahl – mit Mikrostrukturen an der Oberfläche – bestand. Seitdem kann man den metallenen Geruchsvertilger überall in Haushaltswarenabteilungen und Drogeriemärkten kaufen.

Dass er von der Haut tatsächlich schnell und bequem üble Gerüche entfernt, führen Wissenschaftler auf eine katalytische Wirkung zurück, die dafür sorgt, dass die Geruchsmoleküle in kleine Spaltprodukte zerlegt werden, woraufhin sie sich problemlos mit Wasser abspülen lassen. Doch nicht nur von menschlicher Haut beseitigt der Edelstahl wirksam sämtliche Arten übler Düfte, er eignet sich auch vorzüglich dazu, in der Luft herumschwirrende Geruchsmoleküle zu spalten und damit unwirksam zu machen. Das zeigte sich beispielsweise bei einem von Wissenschaftlern überwachten Experiment in einem mit einem computermausgroßen Stück Spezialstahl ausgestatteten Raum, in dem mehrere Kettenraucher einen ganzen Abend nach Herzenslust Zigaretten pafften. Als die Forscher am nächsten Morgen Testriecher, die nicht wussten, worum es ging, baten, die Qualität der Luft zu beurteilen, konnten neun von zehn den Qualm nicht mehr wahrnehmen. Gegenwärtig testen Versuchspersonen Edelstahllutscher, mit denen man angeblich auch nach intensivem Zigarettenrauchen oder dem Verzehr zwiebel- oder knoblauchstrotzender Speisen einen frischen Atem bekommen soll.

Eine hauchdünne Folie macht Glasscheiben schussfest

Fenster- und andere Glasflächen gehören zu den verletzlichsten Stellen eines Raumes. Einbrecher wissen das ebenso wie Randalierer, die Steine auf Schaufenster schleudern, oder Attentäter, die mit ihren Waffen auf Autofenster zielen. Kein Wunder daher, dass es immer wieder Versuche gegeben hat, widerstandsfähigeres, ja, im Idealfall sogar schussfestes Glas zu produzieren. Dabei denkt man natürlich zuerst daran, das Glas dicker zu machen oder mehrere Lagen übereinander anzubringen. So besteht beispielsweise Panzerglas aus drei oder mehr Glasscheiben, die durch Zwischenschichten aus Kunststoff unlösbar miteinander verbunden sind; sie sind mindestens 2,5 Zentimeter und für Sonderzwecke sogar bis zu 20 Zentimeter dick. In der Tat sind sie außerordentlich robust, haben aber einen entscheidenden Nachteil: Sie müssen bei einem Haus oder Auto von vornherein eingebaut werden, eine einfache und kostengünstige Nachrüstung ist nicht möglich.

Doch zum Glück gibt es seit einiger Zeit genau zu diesem Zweck ein wirksames Verfahren, und das bedient sich erstaunlicherweise lediglich einer dünnen Kunststofffolie. Die ist gerade mal ein Drittel Millimeter dick und muss lediglich von innen auf die Scheibe geklebt werden. Dort verhindert sie nicht nur, dass ein mit Wucht geworfener Stein das Glas durchschlägt, sondern schützt dieses sogar zuverlässig vor Explosionen, Sprengfolgen (natürlich nur bis zu einem gewissen, allerdings erstaunlich hohen Grenzwert) sowie Durchschüssen. Kein Wunder daher, dass weltweit Militärs die Glasscheiben von Autos, die in Krisengebieten Terrorangriffen ausgesetzt sind, mit dieser Folie ausrüsten. Aber auch in normalen Privat-Pkws verhindert sie wirksam Einbrüche und Diebstähle, und das selbst dann, wenn die Täter mit brutaler Gewalt vorgehen, die Scheiben mit Baseballschlägern oder Steinen traktieren oder gar aus unmittelbarer Nähe mit Pistolen oder Revolvern darauf schießen.

Spinat reinigt verschmutzte Herdplatten

Es gibt wohl keine Hausfrau, der es nicht schon einmal passiert ist, dass Milch, die sie zum Erhitzen auf den Herd gestellt hatte, wild aufschäumend übergekocht ist. Bei Wasser wäre das nicht weiter schlimm, das könnte man, sofern es nicht gleich in Dampfform von selbst verschwände, problemlos mit einem Lappen aufnehmen; Milch hat jedoch die fatale Eigenschaft, auf der Herdplatte zu eingebranntem Protein zusammenzuschmurgeln, und das lässt sich nur mit erheblicher Mühe wieder entfernen. Doch es gibt ein Reinigungsmittel, mit dem man die Herdplatte einfach und schonend wieder sauber bekommt: Spinat. Der enthält – übrigens ebenso wie Rhabarber, Mangold oder Sauerampfer – eine ganze Menge Oxalsäure, und die weicht das Protein auf. Man muss den Spinat nur erhitzen (!) und großzügig auf dem Milchfleck verteilen. Dann heißt es: eine halbe Stunde warten; anschließend lässt sich das Malheur ohne jegliche Mühe abwischen. Nur wenn die Milchkruste sehr dick ist, empfiehlt es sich, die obere Schicht vorher mit einem Messer vorsichtig abzulösen. Das Verfahren eignet sich sowohl für Ceranfelder als auch für herkömmliche Metallplatten, ja, man kann damit sogar Edelstahltöpfe mühelos von Eiweißresten befreien.

Oxalsäure ist nämlich ein höchst wirksames Putzmittel, mit dem sich alles Mögliche reinigen und sogar Eisen von Rost befreien lässt. In höherer Konzentration ist sie giftig, kommt aber in Lebensmitteln zum Glück nur in verhältnismäßig geringen Mengen vor. Trotzdem kann sie nach üppigen vegetarischen Mahlzeiten Übelkeit und Erbrechen auslösen, weshalb es sich empfiehlt, oxalsäurereiche Obst- und Gemüsesorten zusammen mit Milchprodukten auf den Tisch zu bringen. Die enthalten nämlich eine Menge Calcium, das die tückische Säure bindet und damit unschädlich macht. Oder man verwendet Spinat und Rhabarber nur noch zum Herdputzen, aber dazu sind beide ganz sicher zu schade – und vor allem viel zu wohlschmeckend.

> **Wenn Sie das nächste Mal Spinat kochen,**
> *… bereiten Sie die doppelte Menge zu und frieren die Hälfte als stets verfügbares Reinigungsmittel ein.*

Mit einer Schmerztablette kann man Blutflecken entfernen

Selbstverständlich sind Schmerztabletten in erster Linie dazu da, Bauch-, Kopf- und Zahnweh sowie andere lästige Beschwerden zu bekämpfen, doch sie lassen sich auch zu einem anderen Zweck sinnvoll einsetzen, und das sogar, wenn ihr Verfallsdatum längst überschritten ist. Das funktioniert allerdings nur, wenn es sich bei den Schmerztabletten um Aspirin handelt. Denn das berühmte Medikament enthält bekanntlich einen Wirkstoff, der die Blutgerinnung hemmt, und genau das macht man sich bei der Fleckenentfernung zunutze. Der Hintergrund ist folgender: Wenn Blut aus einer Ader austritt, sammeln sich an der verletzten Gefäßwand sofort eine Menge Blutplättchen (Thrombozyten) an und versuchen, das Loch erst einmal provisorisch zu stopfen, indem sie sich zu festen Klumpen verbinden. Da ihnen das allerdings nur unvollständig gelingt, dauert es eine ganze Weile, bis die Blutung vollständig zum Stillstand gekommen ist. Dazu muss der Körper im Anschluss an den lückenhaften Blutplättchen-Verschluss nämlich erst noch einen fadenförmigen Eiweißstoff namens Fibrin produzieren, der die Spalträume zwischen den Zellen mit einem dichten, faserigen Gespinst ausfüllt.

Der Wirkstoff des Aspirins, die ursprünglich aus Weidenrinde stammende Acetylsalicylsäure, hemmt den komplexen

Ablauf ganz im Anfangsstadium, indem er mit Hilfe einer komplexen biochemischen Reaktion verhindert, dass sich die Thrombozyten aneinanderlagern und verklumpen. Dadurch bleibt das Blut flüssig. Und das funktioniert nicht nur innerhalb von Arterien und Venen sowie an äußeren Wunden, sondern auch bei einem Blutfleck auf jedweder Art von Stoff. Solange der frisch ist, lässt er sich problemlos mit kaltem Wasser auswaschen, wenn das Blut aber erst einmal geronnen ist, klappt das nicht mehr. Dann kommt das Aspirin zum Zuge. Verreibt man eine zerbröselte Tablette über dem Fleck, verhindert die Acetylsalicylsäure das Festwerden des Blutes, und dieses lässt sich problemlos mit Wasser entfernen. Probieren Sie es aus! Sie werden sehen, es funktioniert.

Bei Gewitter bleibt Schlagsahne flüssig

Dass Milch oder Sahne bei Gewitter sauer werden, ist eine alte Bauernregel, die in einer Zeit, als es noch keine Kühlschränke gab, gewiss ihre Berechtigung hatte. Denn in der schwülen Gewitterluft fühlten sich Milchsäurebakterien besonders wohl, vermehrten sich fröhlich und ließen die Milch »kippen«. Doch erstaunlicherweise ist der Effekt auch heutzutage, obwohl wir Milch, Sahne und Butter in hochwirksamen Kühlgeräten lagern, nach wie vor zu beobachten: Grummelt es in der Ferne und zucken die ersten Blitze über den Himmel, wird die Milch sauer, und alle Bemühungen, Sahne steif zu schlagen, bleiben erfolglos. Ja, selbst Gelatine, die zum Andicken von Tortenguss und diversen Speisen verwendet wird, denkt dann oft nicht daran, fest zu werden. Und Sauerteig geht vielfach auch nicht auf.

Über die Ursache dieses merkwürdigen Phänomens streiten sich die Experten seit langem. Das Wetter kann es eigentlich nicht sein. Denn Luftdruck, Temperatur und Feuchtigkeit schwanken auch ohne Gewitter oft sehr stark, ohne dass das auf Milch, Sahne oder Sauerteig irgendeinen erkennbaren Einfluss hätte. Deshalb haben Wissenschaftler seit einiger Zeit langwellige, sehr kurz wirkende elektromagnetische Impulse, sogenannte »Sferics« (der Name leitet sich vom englischen »atmospheric« ab), in Verdacht. Die kommen reibungsbedingt zustande, wenn sich ein Tiefausläufer unter Luft hohen Drucks schiebt, treten aber auch als Begleiterscheinung elektromagnetischer Felder auf, die bei Gewitter von Blitzen verursacht werden. In Form elektromagnetischer Wellen breiten sie sich über große Entfernungen von bis zu 500 Kilometer aus und können mühelos Haus- und Zimmerwände, aber auch Kühlschränke durchdringen.

Derartige Sferics sind vermutlich auch dafür verantwortlich, dass sensible Tiere, aber auch wetterfühlige Menschen, klimatische Änderungen oft lange vor ihrem Eintreten spüren. Dass derartige Impulse zudem offenbar in der Lage sind, Mikroorganismen wie die genannten Milchsäurebakterien zu beeinflussen, beweist die Hefe, ein bekanntlich für Gärungsprozesse erforderlicher einzelliger Organismus, der bei Gewitter nur sehr bedingt Zucker in Alkohol umwandelt, weshalb Brauereien bei derartigen klimatischen Bedingungen nicht selten einen fahlen Geschmack ihres Bieres beklagen.

Dass selbst größere Tiere auf Sferics reagieren, beweisen unter anderem die Mauersegler, die bei ihrem Zug in den Süden offenbar schon weit vor den Alpen »spüren«, wie das Wetter auf der anderen Seite des Gebirges sein wird und ihre Route danach ausrichten. Und auch die berühmte meteorologische Begabung von Laubfröschen beruht wohl darauf, dass sie Sferics irgendwie fühlen können. Insofern ist es keine schlechte Strategie, vor dem Kuchenbacken, Bier-brauen oder Sahneschlagen auf das Verhalten der Tiere zu achten. Benehmen sie sich auffällig unruhig, sollte man seine Pläne vorsichtshalber noch einmal überdenken und derar-tige Tätigkeiten vielleicht besser auf Zeiten besseren Wetters verschieben.

Wenn Sie beim Zoohändler ratloses Kopfschütteln auslösen wollen,
… kaufen Sie sich einen Laubfrosch und erklären Sie, den bräuchten Sie zum Kuchenbacken.

Körper –
Was alles in uns steckt

Babys haben viel mehr Knochen als Erwachsene

Wenn ein Kind zur Welt kommt, besitzt es in seinem kleinen Körper bereits alle Gewebe, Organe und sonstigen Strukturen, die es in seinem künftigen Leben benötigen wird, unter anderem auch sämtliche Knochen. Von denen hat es sogar weitaus mehr als ein Erwachsener, nämlich etwa 350 Stück. Dass es später, wenn das Kind ausgewachsen ist, nur noch wenig mehr als 200 sind, liegt nicht etwa daran, dass Knochen verlorengehen oder sich zu anderen Gebilden umformen, sondern schlicht und einfach an der Tatsache, dass viele von ihnen zu größeren Einheiten zusammenwachsen.

So besteht beispielsweise der Schädel eines Babys noch aus zahlreichen flachen Einzelknochen, die sich bei der Geburt gegeneinander verschieben und sich so optimal dem engen Becken der Mutter anpassen können. Nachdem das Kind dann zur Welt gekommen ist, ist eine derartige Beweglichkeit nicht mehr erforderlich, mit der Folge, dass die Schädelnähte bereits in den ersten beiden Lebensjahren verwachsen und sich auch die Fontanelle, die Lücke zwischen Stirn- und Scheitelbeinen, nach und nach schließt. Bei einem Erwachsenen besteht der knöcherne Kopf dann nur noch aus Gehirn-

und Gesichtsschädel sowie dem gelenkig damit verbundenen Unterkiefer. Ebenso verschmelzen kleinere Hand- und
Fußknochen miteinander, und die 10 untersten Knochen der
Wirbelsäule wachsen im Laufe des Lebens zu zwei größeren,
zusammenhängenden Gebilden, dem Kreuz- und dem Steiß-
bein, zusammen.

> **Wenn Sie Ihren Arzt mal ratlos erleben wollen,**
> *… erklären Sie ihm mit kummervoller Miene, Ihnen*
> *kämen seit ihrer Kindheit ständig Knochen abhanden.*

Die Bestandteile eines Menschen reichen zigmal von der Erde zum Mond

In jeder einzelnen unserer Körperzellen – genauer gesagt, in
jedem darin enthaltenen Zellkern – befinden sich 46 unter
dem Mikroskop unterscheidbare Gebilde, die sogenannten
Chromosomen. Diese enthalten unsere komplette Erbinformation, die in linear angeordneten Einheiten, den Genen,
auf einer strangförmigen, zu Knäueln aufgerollten Substanz liegt, deren komplizierten Namen »Desoxyribonuklein-
säure« man gemeinhin mit DNS oder – inzwischen auch bei
uns üblich – DNA abkürzt (das A steht für das englische
Wort »acid« = Säure). Diese besteht pro Zelle aus insgesamt
rund 3 Milliarden (!) Bausteinen, den sogenannten Nukleo-
tiden, in deren exakter Abfolge die genetische Information
verschlüsselt ist – ähnlich wie die Bedeutung von Wörtern
in der Reihenfolge der einzelnen Buchstaben.

Könnte man die auf den Chromosomen einer menschlichen
Zelle aufgespulten DNA-Fäden abrollen und miteinander zu

einem einzigen langen Strang verknüpfen, so hätte dieser die schier unglaubliche Länge von etwa 2 Metern. Bei den rund hundert Billionen Zellen, aus denen der Körper eines Erwachsenen besteht, ergäbe das eine Gesamtlänge, die mehr als der 140-fachen Entfernung Erde-Mond entspricht, wobei die Breite dieses DNA-Fadens nicht mehr als gerade einmal zwei Nanometer (2×10^{-9} Meter) betrüge.

Man kann seine Muskeln durch Denken stärken

Beim Thema Muskelaufbau denkt man unwillkürlich an Bodybuilder, die sich in Fitnessstudios an Hanteln und diversen kräfteraubenden Geräten schinden und dabei vor Anstrengung keuchend literweise Schweiß vergießen. Dass es auch viel einfacher geht, haben vor einiger Zeit Wissenschaftler aus Cleveland bewiesen, die Studenten aufforderten, sich eine Viertelstunde lang so intensiv wie möglich vorzustellen, sie würden zunächst einen bestimmten Finger und anschließend den ganzen Arm beugen, und zwar gegen einen fiktiven Widerstand, der die Bewegung in der Realität massiv erschweren würde. Das Ganze aber eben nur in ihrer Vorstellung, das heißt rein gedanklich, ohne die Aktionen tatsächlich auszuführen. Nach drei Monaten mit jeweils fünf wöchentlichen »Trainingseinheiten« maßen die Forscher die Kraft, die die ausschließlich mental bewegten Muskeln aufbrachten. Und siehe da: Der Fingerbeuger war um 35 und der Bizeps immerhin um knapp 14 Prozent stärker geworden.

Allerdings ist die Sache nicht ganz so einfach, wie sie auf den ersten Blick scheint. Vielmehr mussten die Studenten vor dem Experiment lange üben, bis sie in der Lage waren, sich derart intensiv auf die Bewegungen zu konzentrie-

ren, dass ein messbarer Effekt eintrat. Dazu der Versuchs-
leiter Vinot Ranganathan: »Es bringt überhaupt nichts, sich
nur hinzusetzen und an die entsprechenden Bewegungen zu
denken, während nebenbei der Fernseher läuft. Vielmehr
kommt es darauf an, dass der Gehirnteil, der die Muskeln
steuert, hochaktiv ist. Denn genaugenommen trainiert man
ja nicht die Muskeln selbst, sondern bringt vielmehr das Gehirn dazu, über die Bewegungsnerven möglichst intensive
Signale auszusenden, wie sie auch beim tatsächlichen Body-
building erforderlich sind.«

Die Wissenschaftler hatten als Zielgruppe bei ihren Versuchen aber gar nicht die vielen Kraft- oder Freizeitsportler im
Sinn, sondern versuchen vielmehr, Verfahren zu entwickeln,
mit denen auch gebrechliche Personen dafür sorgen können,
dass ihr Körper so kräftig wie möglich und dadurch optimal leistungsfähig bleibt. Und das funktioniert tatsächlich
ganz ohne Gewichte, Schweiß und Schinderei, sondern einzig und allein durch intensives Denken.

Jeder Mensch bewegt sich mit mehr als 1000 Stundenkilometern

Wir spüren sie nicht, aber dennoch wirbelt sie uns pausenlos im Kreis herum: die Erddrehung. Am schnellsten ist sie
naturgemäß am Äquator, wo die Erde in West-Ost-Richtung
den größten Umfang hat. Dort rotiert sie mit annähernd
1700 Stundenkilometern um die eigene Achse. Dass wir davon nichts merken, liegt allein an der Schwerkraft, die uns
fest auf den Boden presst und verhindert, dass wir infolge
der enormen Fliehkraft abheben und ins All davonsegeln.

Warum weht dann aber am Äquator nicht ständig ein im-
menser »Fahrtwind«, der uns Menschen brutal von den Bei-

nen reißt? Nun, das liegt schlicht daran, dass auch die Atmosphäre, die unseren Planeten umgibt, der Schwerkraft unterliegt und sich deshalb synchron mit der Erde mitdreht. Deshalb herrscht auf dem Boden grundsätzlich erst einmal Windstille (die dort gelegentlich wütenden Stürme haben eine völlig andere Ursache).

Das Ganze kann man sich gut am Beispiel eines nassen Balles vorstellen, in dessen Wasserhülle ein Staubkorn schwimmt. Wird der Ball allmählich in immer schnellere Drehung versetzt, so rotiert die wässrige Schicht automatisch mit. Das darin enthaltene Körnchen wird also nicht abgespült. Oder ein anderes Beispiel: Wenn ein Mensch in einem mit Tempo 200 über die Schienen rasenden Zug in die Höhe hüpft, landet er exakt an der Stelle wieder, an der er abgesprungen ist; der Zug hat sich keinesfalls unter ihm wegbewegt. Und genauso, wie dieser Mensch die Geschwindigkeit der Eisenbahn nur aufgrund der vorbeifliegenden Landschaft, aber nicht körperlich wahrnimmt (wenn er die Augen schließt, merkt er überhaupt nur an den Bewegungen des Zuges, dass dieser nicht stillsteht), spüren auch wir auf der rasenden Erde nichts von dem enormen Tempo, mit dem unser Planet sich samt seiner dünnen Lufthülle und allem, was sich darin befindet, permanent um die eigene Achse wirbelt.

Mit kurzen Beinen läuft man genauso schnell wie mit langen

Eigentlich klingt es vollkommen einleuchtend, dass ein groß gewachsener Mensch, der mit jedem Schritt ein längeres Wegstück zurücklegt, schneller vorankommt als ein kleinerer, dessen Beine nur deutlich kürzere Schritte zulassen. Doch Sportwissenschaftler haben in umfangreichen Untersuchungen festgestellt, dass das so nicht stimmt. Vielmehr gleichen Menschen mit kürzeren Beinen ihren vermeintlichen Nachteil bei der Bewältigung einer längeren Strecke durch die schnellere Folge ihrer Schritte wieder aus.

Schuld daran ist das Massenträgheitsgesetz, demzufolge sich ein Körper mit größerer Masse nicht so schnell beschleunigen lässt wie ein leichterer. Und ein längeres Bein ist nun einmal zwangsläufig schwerer als ein kürzeres und damit auch deutlich träger. Außerdem nimmt das Trägheitsmoment mit dem Quadrat des Abstands von der Drehachse zu. Im Fall des Beins ist diese eine gedachte Linie durch beide Hüftgelenke, und von der ist ein Fuß eben umso weiter entfernt, je länger das Bein ist, an dem er hängt. Im Grunde handelt es sich um denselben Effekt, den eine Eiskunstläuferin ausnutzt, wenn sie bei einer Pirouette die Arme nach oben streckt oder wieder einzieht. Je länger sie sich macht, desto langsamer dreht sie sich um die eigene Achse – und umgekehrt.

Wie schnell ein Mensch laufen kann, hängt also so gut wie überhaupt nicht von der Länge seiner Beine ab. Vielmehr spielen zwei Faktoren eine entscheidende Rolle: zum einen, mit welcher Geschwindigkeit die Nervenimpulse zur Bewegung der Beine vom Gehirn zu den Muskeln gelangen, und zum anderen, wie schnell die Muskeln darauf reagieren. Da diese Werte genetisch vorgegeben sind, lassen sie sich selbst durch eifriges Trainieren nur sehr bedingt beeinflussen. Vielmehr ist die Fähigkeit, schneller als andere zu laufen, ein angeborenes Talent, das sich durch Üben der idealen Bewegungsabläufe und durch trainingsbedingte Steigerung der Muskelkraft allenfalls perfektionieren lässt. Wäre es anders, müssten alle Weltklasseläufer und -läuferinnen auffallend lange Beine haben; das aber ist mitnichten der Fall.

Ein Mensch produziert täglich rund 170 Liter Harn

Neben dem Darm sind die Nieren unsere wichtigsten Ausscheidungsorgane. Pausenlos sind sie damit beschäftigt, eine ganze Menge schädlicher Substanzen aus unserem Körper herauszubefördern, Substanzen, die uns sonst von innen her vergiften würden (tatsächlich nennt man die Folge unzureichender Nierentätigkeit »Harnvergiftung«). Zu diesem Zweck fließt das gesamte Blut – immerhin 5 bis 7 Liter – alle fünf Minuten einmal durch beide Nieren (das sind rund 1500 Liter täglich), und diese filtern pro Tag rund 170 Liter Harn heraus. Würde diese enorme Menge dem Blut für immer entzogen, so wäre es bereits nach etwa einer Viertelstunde so dickflüssig, dass es nicht mehr durch die Gefäße strömen könnte (außerdem kämen wir dann nicht mehr von der Toilette herunter). Deshalb wird der weitaus größte Teil – etwa 168 Liter – der im sogenannten »Primärharn« enthaltenen Flüssigkeit auf seinem Weg durch die Nierenkanälchen wieder zurückgewonnen und erneut ins Blut eingeleitet. Nur den Rest müssen wir tatsächlich ins Klo entleeren.

Jeder kann auf einem Nagelbrett liegen, ohne sich zu verletzen

Es sieht schon spektakulär aus, wenn ein Fakir sich in aller Ruhe und scheinbar ohne die geringsten Schmerzen halbnackt auf einem »Bett« ausstreckt, aus dem Hunderte spitzer Nägel ragen, von denen man eigentlich erwartet, dass sie sich tief in sein Fleisch bohren. Doch erstaunlicherweise fließt dabei kein Tropfen Blut. Denn für dieses Kunststück bedarf es, so unglaublich es klingen mag, weder eines eisernen Willens noch eines jahrelangen Abhärtungstrainings und schon gar nicht stundenlanger Meditation. Vielmehr kann eigentlich jeder es dem Fakir gleichtun. Wichtig ist lediglich, dass die Nägel dicht an dicht nebeneinanderstehen. Ist das der Fall, liegt der ganze Trick im Grunde darin, das Körpergewicht beim Hinlegen unverzüglich auf eine möglichst große Fläche zu verteilen, das heißt, sich von Anfang an beherzt der Länge nach auszustrecken. Das erfordert natürlich eine gewisse Überwindung, sorgt aber zuverlässig dafür, dass man den nicht völlig vermeidbaren Anfangsschmerz am wenigsten spürt. Denn Druck ist bekanntlich Kraft pro Fläche. Und die Kraft, mit der das Nagelbett belastet wird, ist durch das Körpergewicht vorgegeben und somit unveränderlich. Das bedeutet, dass man den Druck, mit dem die Nagelspitzen in die Haut eindringen, am besten dadurch auf ein erträgliches Maß reduzieren kann, dass man von Anfang an für eine möglichst große Kontaktfläche sorgt. Wer es sich daher einmal wie ein Fakir auf einem Nagelb(r)ett gemütlich machen will, darf auf keinen Fall den Fehler machen, sich zuerst vorsichtig hinzusetzen oder gar sein Gewicht mit den Händen abzustützen, sondern muss sich sofort mit dem gesamten Körper auf die unbequeme Unterlage legen.

Um sich das Prinzip zu verdeutlichen, kann man ein geschältes Ei auf drei spitze Nägel oder, noch besser, Nadeln legen. Dabei wird das Ei zumindest »Stichwunden« davontragen, es kann aber auch sein, dass es sogar vollständig durchbohrt wird. Füllt man dagegen den Zwischenraum zwischen den drei spitzen Auflagepunkten mit zahlreichen weiteren Nägeln oder Nadeln aus, passiert dem Ei nicht das Geringste.

Übrigens beruht auch ein anderer beliebter Fakirtrick keinesfalls auf tiefer Meditation oder gar übermenschlicher Willenskraft, sondern auf schierer Physik. Gemeint ist der Lauf

über glühende Kohlen – selbstredend mit nackten Füßen.
Dass der dem Fakir allenfalls geringfügige Unannehmlichkeiten bereitet, beruht auf zwei Tatsachen: erstens der geringen Wärmeleitfähigkeit von Kohle und zweitens dem
flotten Tempo des Darüberlaufens. Dass verschiedene Materialien die Wärme höchst unterschiedlich leiten, kann jeder
leicht feststellen, wenn er in eine 90 °C heiße Sauna geht. Die
hohe Temperatur hält er nämlich trotz der gewaltigen Hitze
eine ganze Weile aus, heftig schwitzend zwar, aber ohne nen-
nenswerte Beschwerden. Spränge er dagegen in Wasser derselben Temperatur oder hielte auch nur seine Hand hinein,
so würde er einen schrillen Schrei ausstoßen; der Schmerz
wäre absolut unerträglich. Das liegt einzig und allein daran,
dass Wasser ein ausgesprochen guter Wärmeleiter ist, was
man von Luft wirklich nicht behaupten kann. Deshalb fühlt
sich exakt dieselbe Temperatur in der trockenen Sauna ganz
anders an als im Wasser.

Doch kommen wir wieder zu der glühenden Kohle. Die
leitet die Wärme ebenfalls sehr schlecht. Selbst mit nackten
Füßen kann man ein Weilchen darauf stehen bleiben, bevor man die Hitze spürt oder gar Verbrennungen befürchten muss. Aber genau das tut der Fakir nicht. Vielmehr läuft
er so zügig über den glühenden Untergrund, dass die Ge-
samtzeit, in der die Haut seiner Füße mit den Kohlen in Kontakt kommt, bei einem typischen Feuerlauf kaum mehr als
eine Sekunde beträgt. Das reicht für eine Schmerz auslö-
sende Wärmeleitung schlicht nicht aus. Hinzu kommt, dass
sich zwischen Kohle und Haut fast immer eine dünne Asche-
schicht befindet, die als Isolator wirkt und die Temperatur-
leitung noch weiter verschlechtert. Man muss also wirklich
kein Fakir sein und weder über einen übermenschlichen
Willen verfügen noch sein Schmerzempfinden per Medita-

tion auf null herabsetzen, um ohne größere Beschwerden auf einem Nagelbrett zu liegen oder seelenruhig über glühende Kohlen zu spazieren.

Ein Mensch kann 10.000 Bücher auswendig lernen

Mit zehn war Orlando Serell aus Virginia ein Kind wie Millionen andere auch. Dann wurde er von einem Baseball mit voller Wucht an der Schläfe getroffen. Er ging zu Boden, verlor kurze Zeit das Bewusstsein – und war, als er wieder zu sich kam, ein gänzlich anderer Mensch. Seither kann er sich an jeden einzelnen Tag seines bislang rund 40-jährigen Lebens erinnern, als ob er gestern gewesen wäre. Er weiß nicht nur zu jedem beliebigen Datum den Wochentag und das Wetter, sondern kann auch präzise darüber Auskunft geben, was es mittags und abends zu essen gab, ob etwas Bemerkenswertes in der Zeitung stand, welche Kleidung er trug und welches Programm er abends im Fernsehen ansah. Außer dieser extremen Begabung ist von dem Baseballtreffer an seinem Kopf nichts zurückgeblieben, es geht ihm blendend – nur das Archiv in seinem Gehirn wird von Tag zu Tag größer.

Orlando Serell ist ein sogenannter »Savant«, was wörtlich übersetzt so viel wie »Wissender« bedeutet. Von diesen Menschen, deren Merkvermögen scheinbar unbegrenzt ist, gibt es auf der Welt nur etwas mehr als eine Handvoll, aber die haben es in sich. Einer der berühmtesten ist Kim Peek aus Salt Lake City, das leibhaftig existierende Vorbild des von Dustin Hofman im Film verkörperten »Rain Man«. Wenn der unscheinbare Mann, der im Kindesalter als schwerbehindert galt, ein Buch aufschlägt, arbeitet sein Gehirn wie ein Computerscanner: Während das eine Auge eine Seite überfliegt, liest das zweite parallel die andere. Das dauert etwa acht

Sekunden, und danach ist der komplette Text abrufbereit in seinem Gehirn gespeichert. Mittlerweile kennt er mehr als 10.000 Bücher – alle, die er in seinem Leben je »gelesen« hat – auswendig, und täglich werden es mehr. Doch damit nicht genug. Auf seiner internen Festplatte sind auch noch Tausende von Melodien, unzählige Namen, sämtliche Telefonvorwahlen der USA, das komplette amerikanische Straßennetz und Unmengen weiterer Fakten gespeichert. Doch für seine extreme Begabung zahlt er einen hohen Preis: Er ist schwer autistisch und bis heute – er geht inzwischen auf die 60 zu – ganz und gar außerstande, allein für sich zu sorgen.

Ein in Deutschland nicht ganz unbekannter Savant ist Rüdiger Gamm. Auch sein Gehirn scheint in Bezug auf bestimmte Fertigkeiten eine schier unbegrenzte Kapazität zu besitzen, denn es merkt sich eine nahezu unbegrenzte Menge von Details, solange sie nur irgendwie mit Zahlen zu tun haben. Seit er in früher Kindheit anfing, rückwärts zu sprechen, weil ihm das normale Reden zu langweilig war, ist er ein Rechengenie allererster Klasse. Fragt man ihn beispielsweise, wie viel 57 geteilt durch 139 ist, so nennt er nach wenigen Sekunden das Ergebnis, aber nicht etwa nur annäherungsweise, sondern mit bis zu 30 Nachkommastellen und mehr. Und das offensichtlich ohne die geringste Mühe.

Gehirnforscher, die sich ausgiebig mit Savants beschäftigt haben, sind mittlerweile der Auffassung, dass das Gehirn jedes gesunden Menschen prinzipiell zu derartigen Leistungen fähig ist. Denn immerhin sind darin Milliarden von Nervenzellen über eine halbe Trillion Kontaktstellen – sogenannte »Synapsen« – miteinander verknüpft, die zudem noch in unterschiedlichen Zustandsformen Informationen weiterleiten können. Mit Hilfe dieses gigantischen Netzwerkes ließe sich theoretisch das gesamte Wissen der Welt abspeichern.

Da erstaunt es schon sehr, dass die große Mehrheit der Menschen Probleme hat, sich auch nur die einfachsten Dinge zu merken und Kinder den Schulstoff oft nur mit größter Mühe und dann auch nur für kurze Zeit in ihren Kopf bekommen.

Warum das so ist, können Wissenschaftler nur ahnen. Vermutlich sorgt im Gehirn eines Nicht-Savants ein effektives Filtersystem dafür, dass nur Fakten in sein Bewusstsein gelangen, die für ihn wichtig sind. Dafür spricht, dass wir uns Dinge, die uns momentan brennend interessieren, viel leichter einprägen können als beispielsweise Vokabeln und Geschichtszahlen, die uns ein schulischer Lehrplan aufzwingt.

Dass Savants tatsächlich von Informationen geradezu überflutet werden, beweist Howard Potter, der bereits als kleines Kind dadurch auffiel, dass er mit einem einzigen Blick die exakte Zahl von Erbsen auf seinem Teller angeben konnte. Er zieht Quadratwurzeln in einem Tempo, in dem andere kaum einstellige Zahlen addieren können und beeindruckt vor allem mit einer ganz und gar außergewöhnlichen Fähigkeit: Er kennt sämtliche Ergebnisse des Weltfußballs. »Wenn er im Stadion sitzt«, erzählt seine Mutter, »dann wäre er am liebsten ganz allein. All die vielen Leute um ihn herum überfluten sein Gehirn mit Eindrücken, die er nicht ausblenden kann und samt und sonders registriert. Dabei interessiert er sich weder für die anderen Fans, noch hat er einen Lieblingsverein oder fiebert gar bei der Partie mit. Das Einzige, worum es ihm geht, ist das Ergebnis.« Die Mutter muss ihren Sohn kennen, denn er ist bis heute im täglichen Leben bei den einfachsten Verrichtungen ganz und gar auf ihre Hilfe angewiesen.

Jeder Mensch trägt 300 Kilo auf seinem Kopf

Wer im Meer oder in einem See schon einmal etwas tiefer getaucht ist, weiß, welche Last dort unten auf den Körper drückt. Und diese Last wird mit jedem weiteren Meter immer größer. Doch selbst wer sich noch ein ganzes Stück tiefer hinabwagt, braucht keine Angst zu haben, vom Gewicht des Wassers zerquetscht zu werden. Denn der Druck, der außerhalb des Gewässers auf uns lastet, ist ebenfalls nicht zu verachten – und den halten wir ja auch problemlos aus.

Das Gewicht, mit dem die darauf lastende Luft in Meereshöhe auf den Erdboden drückt, beträgt pro Quadratzentimeter immerhin ein volles Kilo. Und da ein menschlicher Kopf, von oben gesehen, durchschnittlich etwa 20 Zentimeter lang und 15 Zentimeter breit ist, ergibt sich eine durchschnittliche Fläche von 300 Quadratzentimetern. Das bedeutet, dass die darauf ruhende Luftsäule sage und schreibe 300 Kilogramm – das sind 6 Zentner (!) – wiegt. Die gewaltige Masse der Luft spüren wir allerdings erst dann, wenn sie uns mit Windenergie ins Gesicht geblasen wird.

Zum Glück ist unser Körper nicht nur robust genug gebaut, um dieses enorme Gewicht problemlos auszuhalten, sondern er besteht auch zum Großteil aus Wasser, das sich – anders als ein Gas – so gut wie überhaupt nicht zusammenpressen lässt und damit dem äußeren einen entsprechenden inneren Druck entgegensetzt. Tatsächlich beträgt das Gewicht, das auf einem Quadratmeter unseres Körpers lastet, rund 10 Tonnen (!). Dem können wir nur widerstehen, wenn unsere Lungen von innen her denselben Druck aufbauen. Und weil sie dazu tatsächlich imstande sind, können wir auch unter der enormen Last der auf uns ruhenden Luftmenge mühelos atmen – und bleiben zum Glück am Leben.

Ein Erwachsener kann in kurzer Zeit vier Zentimeter wachsen und wieder schrumpfen

Ein Mensch wird mit einer durchschnittlichen Körpergröße von rund einem halben Meter geboren und wächst dann bis zum Alter von etwa 17 Jahren auf fast das Vierfache – in Einzelfällen sogar noch mehr – heran. Geht man in diesem Zeitraum von einer kontinuierlichen Längenzunahme und einem abschließenden Wert von 1,90 Metern aus, so beträgt das Wachstum in 17 Jahren 1,40 Meter oder pro Jahr ganze acht Zentimeter. Selbst wenn man berücksichtigt, dass der Prozess keinesfalls gleichmäßig vonstatten geht, erscheint daher ein Wachstum von vier Zentimetern in zwei Monaten unmöglich, zumal, wenn die dabei erreichte Körpergröße nur eine gewisse Zeit lang Bestand hat und dann relativ schnell wieder auf den Ursprungswert zurückgeht. Und doch kommt so etwas vor.

Allerdings nicht hier auf der Erde, sondern in einer Raumstation.

Die dort herrschende Schwerelosigkeit sorgt nämlich relativ rasch dafür, dass sich die Abstände zwischen den knöchernen Anteilen der Wirbelsäule – den hinlänglich bekannten »Bandscheiben« – aufgrund der fehlenden Belastung ein wenig dehnen. Und das hat zwangsläufig zur Folge, dass die Insassen allmählich größer werden. Bei einem etwa zwei Monate währenden Aufenthalt im Weltraum kann das Wachstum daher tatsächlich bis zu vier Zentimeter ausmachen. Doch nach der Rückkehr auf die Erde, wo die Schwerkraft den Körper wieder fest auf den Boden presst und zudem eine mächtige Luftsäule darauf drückt (siehe vorhergehenden Beitrag), folgt unweigerlich ein Schrumpfungsprozess, der erst stoppt, wenn die ursprüngliche Größe wieder erreicht ist.

Die Haare eines Menschen können 12 Tonnen Gewicht tragen

Solange sie noch nicht altersbedingt ausfallen und nach und nach immer mehr nackte Haut preisgeben, sprießen auf dem Kopf eines Menschen durchschnittlich 100.000 Haare. Die wachsen zwar sehr langsam, bringen es aber zusammengenommen pro Stunde auf die bemerkenswerte Längenzunahme von rund 1,5 Metern. Noch beeindruckender aber ist das Gewicht, das man mit ihnen – zu einem Zopf geflochten – hochheben könnte: Denn da jedes einzelne Haar erst reißt, wenn etwa 120 Gramm daran zerren, könnte ein aus sämtlichen Haaren geflochtener Zopf die gewaltige Last von 12 Tonnen – etwa das Gewicht von 10 Autos – tragen.

Ihre enorme Dehnbarkeit und Reißfähigkeit verdanken die Haare einem speziellen Protein namens Keratin. Das hat die Struktur einer aus zahlreichen Einzelschnüren zusammengeflochtenen Leine, wie man sie von Schiffen kennt, die damit an der Pier festgemacht werden. Und genau wie eine solche Leine kann auch das Gesamthaar eines Menschen eine ganze Menge aushalten, bevor es reißt.

Übrigens ist die Anzahl der Kopfhaare von Mensch zu Mensch verschieden und hängt bemerkenswerterweise vor allem von der Farbe ab. Denn mit rund 150.000 Haaren ist die Kopfhaut eines blonden Menschen deutlich dichter bewachsen als die eines schwarzhaarigen mit etwa 110.000, eines braunhaarigen mit circa 100.000 oder gar eines rothaarigen mit nur 80.000. Da jedes einzelne dieser Haare pro Monat etwa einen Zentimeter wächst, ergibt sich eine jährliche Gesamtproduktion von rund 12 Kilometern. Bei diesem gewaltigen Zuwachs lässt sich der normale tägliche Verlust von ungefähr 80 Haaren problemlos verschmerzen.

Wenn Sie eine Wette gewinnen wollen,
*… wetten Sie doch mit Ihrem Friseur, Sie könnten
mit Ihren Haaren ohne weiteres zwei ausgewachsene
Elefanten hochheben.*

Ein Mensch kann ohne Ausrüstung tiefer als 200 Meter tauchen

Wer einmal im Schwimmbad versucht hat, nach mehrfachem tiefem Ein- und Ausatmen möglichst lange unter Wasser zu bleiben, wird nach dem Auftauchen bei einem Blick auf die Uhr enttäuscht festgestellt haben, dass er kaum mehr als eine Minute geschafft hat. Und wer fleißig trainiert, dabei kontinuierlich seine Atemtechnik verbessert und das Volumen seiner Lunge besser nutzt, bringt es vielleicht irgendwann auf zwei Minuten, mehr ist kaum drin.

Doch über derartige Zeiten können Spezialisten nur mitleidig lächeln. Spezialisten – das sind die sogenannten »Apnoetaucher« (griech. »apnoe« = Atemstillstand), die mittlerweile ganz und gar unglaubliche Rekorde aufgestellt haben. Die Besten von ihnen sind in der Lage, rund 9 Minuten (!) unter Wasser zu bleiben, ohne Luft zu holen, und in dieser Zeit erstaunliche Strecken zurückzulegen. Immerhin liegt der Bestwert im Streckentauchen bei knapp 240 Metern. Noch eindrucksvoller ist aber die enorme Wassertiefe, die Apnoetaucher erreichen: 214 Meter beträgt hier der Weltrekord. Und das vollkommen ohne technische Atemhilfe, sondern nur mit einem Gewicht, das den Schwimmer schnellstmöglich nach unten zieht.

Bereits 1976 knackte der Franzose Jacques Mayol als erster Mensch die 100-Meter-Marke, und von da an ging es immer weiter hinunter. Den momentanen Weltrekord hält der Österreicher Herbert Nitsch, der die besagte Tiefe von 214 Metern nach einem einzigen, tiefen Atemzug in nicht einmal zwei Minuten erreichte und anschließend wieder bei vollem Bewusstsein an die Oberfläche kam. Das größte Problem ist dabei der extreme Druck, der in derartigen Tiefen herrscht. Apnoetaucher müssen daher komplizierte Ausgleichstechniken beherrschen, die verhindern, dass ihnen die Trommelfelle platzen und die Lungen auf die Größe einer Faust zusammengequetscht werden. Daneben müssen sie lernen, vor dem Tauchgang bis zu 5 Liter mehr Luft einzusaugen als ein ungeübter Mensch. Das erfordert jahrelanges konsequentes Training, doch danach sind die Besten in der Lage, sich mit wenigen Atemzügen 15 Liter Luft in die Lungen zu pressen und ihren Herzschlag bis auf 12 Schläge pro Minute herunterzufahren. Dennoch gehen sie ein beträchtliches Risiko ein, der sogenannten »Taucherkrankheit« zum Opfer zu fallen. Die kommt dadurch zustande, dass der extreme Außendruck den eingeatmeten Sauerstoff und Stickstoff gleichsam mit Gewalt ins Blut presst, das dadurch wesentlich mehr Gas aufnimmt als unter normalen Bedingungen. Lässt nun beim Wiederauftauchen – der mit Abstand gefährlichsten Phase des gesamten Tauchgangs – der Wasserdruck zu rasch nach, so wird insbesondere der im Blut gelöste Stickstoff zu schnell wieder frei, und zwar fatalerweise in Form kleiner Bläschen, die die Blutgefäße verstopfen können – ein absolut lebensbedrohendes Ereignis (Mediziner sprechen von »Luftembolie«).

Falls Sie jetzt den Plan gefasst haben, bei Ihrem nächsten Besuch im Schwimmbad mit dem Apnoetraining zu beginnen, sollten Sie Ihr Vorhaben vielleicht doch noch einmal überdenken. Mit Sicherheit gibt es genügend andere sportliche Disziplinen, bei denen Sie ebenfalls für Aufsehen sorgen können – ohne dabei jedes Mal Ihr Leben aufs Spiel zu setzen.

Ein Mensch verliert bei bester Gesundheit kiloweise Haut

Mit einer Fläche von rund zwei Quadratmetern und 5 bis 7 Kilo Gewicht (die Angaben schwanken je nach Körpergröße und Menge des mitgerechneten Unterhautfetts) ist die Haut das größte und schwerste Organ unseres Körpers. Sie schützt unser Inneres gegen das Eindringen von Bakterien und anderen Mikroorganismen, ist mit ihren Blutgefäßen und Schweißdrüsen maßgeblich an der Temperaturregulation des Organismus beteiligt und beherbergt daneben noch unzählige Sinneszellen, die Druck-, Schmerz-, Wärme- und Kälteempfindungen aufnehmen und – in elektrische Impulse verwandelt – über Nerven Richtung Rückenmark und Gehirn leiten. Bei diesen vielfältigen und lebenswichtigen Aufgaben ist es kein Wunder, dass komplizierte Mechanismen die Haut stets in optimalem Zustand halten. Besonders effektiv geschieht das, indem pausenlos verbrauchte Zellen von der Oberfläche abgestoßen und durch aus der Tiefe nachwachsende ersetzt werden.

Tatsächlich verliert ein erwachsener Mensch jede Minute seines Lebens etwa 50.000 Hautschuppen, von denen jede einzelne aus Unmengen zusammenhängender Oberhautzellen besteht. Diese Schuppen sind mikroskopisch klein und machen den größten Teil des Hausstaubs aus, von dem man sich immer wundert, wo er ständig aufs Neue herkommt. Zwar wiegen die winzigen Teilchen, für sich genommen, fast nichts, doch mit der Zeit kommt insgesamt eine ganz beträchtliche Masse zusammen: Bei einem 70-Jährigen sind das immerhin rund 25 Kilo, was bedeutet, dass sein Körper in seinem Leben Haut im Gewicht eines achtjährigen Kindes verloren und neu gebildet hat.

Wenn Sie mal wieder Staub wischen,
… denken Sie daran, dass Sie damit eine ganze Menge eigener Körperteile beseitigen.

Krankheit und Leid –
Verblüffende Auslöser und Heilmethoden

Raucher verursachen geringere Krankheitskosten als Nichtraucher

Unter Medizinern kursiert ein ebenso makabrer wie zutreffender Spruch: »Jeder Raucher bekommt zwangsläufig Lungenkrebs; die Frage ist nur, ob er alt genug wird, das zu erleben.« Tatsächlich gibt es zahlreiche Raucher, die bei halbwegs guter Gesundheit ein erstaunlich hohes Lebensalter erreichen. Doch das sind Ausnahmen – das Gros der Zigarettensüchtigen leidet schon in relativ jungen Jahren an immer mehr und immer schlimmeren Krankheiten. Und deren Behandlung verschlingt derart gewaltige Kosten, dass immer wieder Rufe laut werden, Raucher müssten einen höheren Beitrag zur gesetzlichen Krankenversicherung zahlen.

Dabei kommen gesundheitsbewusste Nichtraucher, insgesamt gesehen, die Krankenkassen und privaten Versicherungen deutlich teurer zu stehen, und zwar deshalb, weil sie im Durchschnitt länger leben. Denn mit zunehmendem Alter werden gesundheitliche Störungen nun einmal immer häufiger und immer schlimmer. Das gilt natürlich nicht für jeden Einzelnen, aber hier geht es ja um den statistischen Durchschnitt. Zweifellos belasten Raucher die Krankenkassen ganz erheblich, aber eben nur, solange sie leben. Und das tun sie im Durchschnitt nicht annähernd so lange wie ihre Zeitgenossen, die sich vernünftig ernähren, sich viel bewegen und auf Genussgifte weitgehend verzichten.

Doch auch die Gesundheitsbewusstesten sind vor Alterskrankheiten wie chronischen Herz- und Kreislaufstörungen, Magen- und Darmleiden oder Alzheimer nicht gefeit – und die ziehen sich nicht selten über Jahre und Jahrzehnte hin. Dagegen führen typische Rauchfolgen wie Lungenkrebs, Herzinfarkt und Schlaganfall in der Regel sehr viel früher zum Tod. Drastisch ausgedrückt bedeutet das: Wer raucht, hat gegenüber einem Nichtraucher eine deutlich geringere Lebenserwartung und stirbt mit hoher Wahrscheinlichkeit, bevor die Behandlung chronischer Altersgebrechen erhebliche Kosten verschlingt.

Zahlenmäßig belegt wird dies durch eine Studie, die im Auftrag des niederländischen Gesundheitsministeriums durchgeführt wurde. Danach werden in unserem nordwestlichen Nachbarland Raucher durchschnittlich 77, schlanke Nichtraucher dagegen 84 Jahre alt. Und diese sieben Jahre mehr haben zur Folge, dass die Nichtraucher während ihres Lebens im Durchschnitt Krankheitskosten von rund 281.000 Euro verursachen, während es bei den Rauchern nur etwa 220.000 sind.

> **Wenn Sie sich einmal wieder unter missbilligenden Blicken eine Zigarette anzünden,**
> *… erklären Sie lächelnd, Sie würden nur rauchen, um Ihre Krankenkasse zu entlasten.*

Schmerztabletten können Schmerzen auslösen

Statistiken, die auf seriösen Umfragen sowie auf Erhebungen der Krankenversicherungen beruhen, lassen keinen Zweifel: Drei von vier Deutschen leiden mehr oder weniger regelmäßig unter Kopfschmerzen und rund 16 Prozent gar unter handfesten Migräneattacken. Dagegen gibt es glücklicherweise wirksame Medikamente, aber die haben wie fast alle Arzneimittel, die massiv in biochemische Prozesse eingreifen, ihre Tücken. Denn wenn man sie zu lange und vor allem eigenmächtig und unkontrolliert einnimmt, besteht die paradox klingende Gefahr, dass sie die Beschwerden irgendwann nicht mehr lindern, sondern sogar noch verstärken und damit einen sogenannten »medikamenteninduzierten Kopfschmerz« auslösen. Immerhin zwei Prozent der Bevölkerung scheinen davon betroffen zu sein, und von denen schlucken nicht wenige zur Bekämpfung genau dieser Schmerzen in Unkenntnis der Zusammenhänge immer mehr Tabletten. Womit sie genau das Falsche tun!

Über die Ursache des arzneimittelbedingten Kopfwehs herrscht noch weitgehend Unklarheit. Auffallend ist, dass die ständige Tabletteneinnahme – die meisten Migränegeplagten kennen das – auf Dauer die Schmerzschwelle nicht etwa anhebt, sondern absenkt; oder anders ausgedrückt: Das Nervensystem reagiert bei den Betroffenen schon auf schwache Schmerzreize, die einem anderen Menschen noch gar nichts ausmachen. Möglich auch, dass nach dem Abklingen der Arzneimittelwirkung die Durchblutung der feinsten Gefäße im Gehirn gestört ist, was sich auf Dauer durchaus in quälenden Schmerzen bemerkbar machen kann.

Fakt ist jedenfalls, dass vom medikamenteninduzierten Kopfschmerz ausschließlich Menschen betroffen sind, die

die Tabletten, Dragees oder Zäpfchen wegen ständigen Kopfwehs einnehmen; andere Patienten, beispielsweise Rheu-
makranke, die ebenfalls eine ganze Menge Schmerzmittel
konsumieren, bleiben dagegen verschont. Es scheint also
wohl so zu sein, dass das paradoxe Leiden nur bei Personen
auftritt, bei denen eine grundsätzliche Disposition zu Kopfschmerzen vorliegt. Daneben fällt auf, dass besonders häufig Menschen betroffen sind, die versuchen, ihre Qual mit
nicht verschreibungspflichtigen, in hohen Dosen geschluck-
ten Tabletten in den Griff zu bekommen. Bei chronischen
Kopfschmerzen eigenmächtig und über längere Zeit rezept-
freie Schmerzmittel zu schlucken, ist daher mit einem erheb-
lichen Risiko verbunden: Nicht selten geht es den bemitlei-
denswerten Kranken hinterher schlechter als zuvor.

Man kann inmitten von reichlich Sauerstoff ersticken

Wir alle müssen ununterbrochen atmen, um genügend Sauerstoff in die Lungen zu bekommen, der dann mit dem Blut-
strom zu den vielen Billionen Zellen unseres Körpers be-
fördert wird. Dort ist er unbedingt vonnöten, um durch
»Verbrennung« von Nahrungsmitteln, vorzugsweise von
Zucker, energiereiche Verbindungen zu erzeugen, ohne die
die vielfältigen Stoffwechselprozesse in unserem Körper
nicht ablaufen können. Ohne Sauerstoff gibt es mithin kein
Leben; fehlt er, bekommen wir im wahrsten Sinne des
Wortes »keine Luft mehr«.

Doch selbst wenn die uns umgebende Luft mit Sauerstoff
gesättigt ist, können wir ersticken. Diese Gefahr besteht,
wenn darin ein Gas enthalten ist, das bei der unvollständi-
gen Verbrennung kohlenstoffhaltiger Substanzen, etwa von
Autobenzin, entsteht. Die Rede ist von Kohlenmonoxid. Das

hat nämlich die überaus fatale Eigenschaft, sich etwa 25.000-mal stärker als Sauerstoff an den roten Farbstoff Hämoglobin zu binden, der das lebenswichtige Gas in unserem Blut transportiert.

Schon wenn die Luft, die wir atmen, nur 0,01 (ein Hundertstel) Prozent Kohlenmonoxid enthält, kommt es zu Vergiftungserscheinungen wie Schwindel, Übelkeit und Erbrechen. Und bei einem Gehalt von 0,2 Prozent blockiert das Teufelszeug bereits einen derart großen Anteil unseres Hämoglobins, dass wir den gesamten eingeatmeten Sauerstoff, weil er im Blut keinen Platz mehr findet, ungenutzt wieder von uns geben. Wer schließlich gar Luft – und sei sie noch so sauerstoffreich – in die Lungen bekommt, die mehr als 1 Prozent des giftigen Gases enthält, ist spätestens nach 5 Minuten tot.

Weil Kohlenmonoxid einerseits so überaus gefährlich, andererseits aber aufgrund seiner Farb- und Geruchlosigkeit fatalerweise kaum feststellbar ist, mischen die Lieferanten von Heizgas diesem bewusst einen geringen Anteil übel riechender Schwefelverbindungen bei. Deren Gestank soll dafür sorgen, dass versehentlich ausströmendes Gas nicht unbemerkt bleibt.

Maden heilen menschliche Wunden

Die Larven der gemeinen Schmeißfliege mit dem hübschen zoologischen Namen *Lucilia sericata* sind weiß bis rosa, nackt und überaus verfressen. Viele Menschen empfinden sie als ausgesprochen ekelhaft, was sicher auch damit zusammenhängt, dass sich die gefräßigen Krabbler mit Vorliebe von Verdorbenem und Verwesendem ernähren und selbst tierischen und menschlichen Kot nicht verschmähen. Doch bereits im Ersten Weltkrieg erkannten Truppenärzte zu ihrer großen Verblüffung, dass bei den von ihnen behandelten Soldaten ausgerechnet diejenigen Verwundungen in einem vergleichsweise guten Zustand waren, auf denen sich Mengen von Maden angesiedelt hatten, während Verletzungen ohne darauf herumkriechende Tierchen viel häufiger eiterten, brandig zerfielen und Amputationen der befallenen Gliedmaßen erforderlich machten. Sicher erinnerte sich damals der eine oder andere Mediziner daran, dass bereits antike Forscher von der wundheilungsfördernden Wirkung der Maden geschwärmt hatten. In der Folge geriet das Wissen um die segensreichen Schmeißfliegenjungen leider wieder in Vergessenheit, doch Ende des 20. Jahrhunderts, als sich immer mehr Bakterien als resistent gegen keimtötende Substanzen erwiesen, wandte sich die Forschung den Maden wieder vermehrt zu. Und seit 1999 ist ihre Anwendung in Deutschland sogar als offizielle Heilmethode anerkannt.

Denn das, was die etwas unappetitlichen, aber überaus emsigen kleinen Helfer an den Wunden bewirken, kann man tatsächlich als biologische Reinigung bezeichnen. Zu diesem Zweck bespritzen sie die Verletzung mit einem von ihnen produzierten Enzym, das abgestorbenes und krankes Gewebe zu einem Brei verflüssigt, der den Maden offenbar außerordentlich gut mundet. Sie selbst werden dabei dick und fett, die Wunden aber heilen auf diese – schonende und jedem chirurgischen Vorgehen überlegene – Weise wesentlich besser. Und noch eine weitere segensreiche Tätigkeit der eifrigen Tierchen ist für offene Verletzungen überaus vorteilhaft: Sie scheiden antibiotisch wirkende Substanzen aus, die Bakterien abtöten und die Wunden wirksam desinfizieren. Neuere Untersuchungen deuten sogar darauf hin, dass ihr Sekret zudem die Bildung neuer Zellen anregt.

Bei all diesen erfreulichen Aspekten ist der Einsatz der Maden absolut schmerzlos, hat keine schädlichen Nebenwirkungen und – auch ein durchaus wichtiger Punkt – verursacht nur sehr geringe Kosten. Zahlreiche Studien belegen den heilungsfördernden Effekt der Methode. Unter anderem weisen sie nach, dass die Maden die Heilung diabetischer Unterschenkelgeschwüre in einem Ausmaß begünstigen, dass die Zahl der Amputationen dort, wo man die Tierchen gezielt eingesetzt hat, deutlich zurückgegangen ist. Und die Patienten? Nun, die finden die weißen Gesellen nach anfänglicher Abscheu im Allgemeinen recht sympathisch, tragen sie doch wesentlich dazu bei, den von schlecht heilenden Wunden ausgehenden üblen, brechreizerregenden Geruch zu verhindern. Denn der ist allemal viel ekliger als das Äußere der kleinen, überaus reinlichen und dazu so hilfreichen Maden.

Wer unter Platzangst leidet, kann problemlos Aufzug fahren

Kaum eine medizinische Fachbezeichnung wird so oft missverstanden und falsch verwendet wie der Begriff »Platzangst«. Denn das quälende Gefühl der Beklemmung, das empfindliche Menschen in engen, geschlossenen Räumen befällt und sich bis zur regelrechten Panik steigern kann, hat mit Platzangst nichts zu tun. Vielmehr handelt es sich dabei um die sogenannte »Klaustrophobie«, was so viel bedeutet wie »Angst vor dem Eingeschlossensein«. Diese Angst kann die Betroffenen nicht nur in engen Räumen, sondern auch in dichten Menschenansammlungen befallen. Eben immer dann, wenn sie sich eingeengt fühlen und diesem für sie beängstigenden Zustand – zumindest für eine Weile – durch eigenes Zutun nicht entkommen können.

Dagegen fürchten sich die Betroffenen bei der »Agorapho-bie«, der fachlich korrekten »Platzangst«, keinesfalls vor der Enge, sondern im Gegenteil vor der Weite. Angstschweiß bricht ihnen aus, wenn sie sich ohne Begleitung außerhalb ihrer Wohnung auf weiten Plätzen (griechisch: *agora*) bewe-gen müssen. Nicht selten werden sie dann von regelrechten Panikattacken befallen, die so schlimm werden können, dass sie sich nicht mehr trauen, ihre Wohnung zu verlassen.

Eine einzige Zigarette verursacht im Körper zigtausend Schäden

Dass Rauchen alles andere als gesund ist, hat sich mittler-weile herumgesprochen. Und tatsächlich löst der Zigaretten-rauch in unserem Körper massive Veränderungen aus, die an den diversen Geweben auf Dauer samt und sonders blei-bende Schäden hinterlassen. Das zeigt sich allein schon an der Tatsache, dass ein Kleinkind, das aus Versehen einen ein-zigen Glimmstängel verschluckt hat, sich an den darin ent-haltenen Substanzen derart vergiften kann, dass es in akuter Lebensgefahr schwebt.

Betroffen sind eigentlich alle Organe, doch an keinem an-deren werden die fatalen Auswirkungen der diversen Qualm-bestandteile deutlicher als an der Lunge. An deren Zellen, genauer gesagt, an der darin enthaltenen DNA – der sämt-liche Funktionen steuernden Erbsubstanz –, verursacht der inhalierte Rauch wahrhaft extreme Schäden: Nicht weni-ger als 30.000 Bestandteile der komplexen Moleküle werden durch den Teer und das Nikotin einer einzigen Zigarette in Unordnung gebracht.

Das wäre absolut lebensgefährlich, gäbe es nicht in all un-seren Zellen und natürlich auch in denen der Lunge spezielle Reparaturenzyme, die sich auf der Stelle daran machen, die Defekte schnellstmöglich wieder zu beheben. Dazu scannen sie permanent die richtige Reihenfolge der einzelnen DNA-Bausteine und tauschen beschädigte, zerstörte oder an der falschen Stelle sitzende unverzüglich gegen die korrekten aus. Das kann man sich in etwa so vorstellen wie die Korrektur einer Computersoftware durch einen erfahrenen Programmierer, der fehlerhafte Befehle, die einen Computer zum Absturz bringen könnten, gerade noch rechtzeitig durch einwandfreie ersetzt.

Dass wir ohne die mehr als 130 bis heute bekannten DNA-Reparaturenzyme nicht leben können, wird besonders eindrucksvoll an den sogenannten »Mondscheinkindern« deutlich. Bei ihnen funktionieren nur einige wenige dieser hilfreichen Moleküle nicht einwandfrei, doch das hat bereits fatale Folgen: Die Schäden, die der Ultraviolett-Anteil des Sonnenlichts an ihrer Erbsubstanz anrichtet, bleiben mangels Reparatur bestehen, ja, sie werden mit jedem Lichtkontakt immer gravierender. Schon nach kurzem Aufenthalt in trübem Tageslicht sprießen auf ihrer Haut sommerssprossenähnliche Pigmentflecken, aus denen schließlich Krebsgeschwüre werden. Deshalb dürfen die Kinder tagsüber nur mit Schutzanzügen bekleidet ins Freie, und die Fenster der Wohnungen, in denen sie leben, müssen von früh bis spät mit einer UV-abweisenden Folie verklebt sein. Unverhüllt im Freien zu spielen, ist ihnen allenfalls nachts erlaubt. Da es bis heute außer der konsequenten Vermeidung von UV-Strahlen – die auf Dauer praktisch unmöglich ist – keine wirksame Behandlung gibt, sterben die Kranken meist schon im frühen Kindesalter.

Ähnliche Defekte, wie sie das ultraviolette Licht an der Haut der Mondscheinkinder auslöst, verursacht der Zigarettenqualm in der Lunge eines Rauchers. Auch bei ihm würden die Schäden ohne intakte Reparaturenzyme unweigerlich zum Tod führen. Doch glücklicherweise sind die DNA-Wächter der Lungenzellen erstaunlich belastbar und verrichten in der Regel jahrelang ihren Dienst, ohne Ermüdungserscheinungen erkennen zu lassen. Aber auch das bestfunktionierende Ausbesserungs- und Austauschsystem ist bei permanentem Einsatz irgendwann überfordert. Im Fall der Atemwege ist dann die Folge, dass die ständig ablaufende Zellteilung und -erneuerung nach und nach immer mehr aus dem Ruder läuft, bis sich aus dem permanent gereizten Gewebe irgendwann zwangsläufig Lungenkrebs entwickelt.

Ein Mensch kann einen anderen totbeißen

Die meisten Menschen haben vor Pitbulls, Mastiffs und Bullterriern einen Riesenrespekt, ja oft sogar regelrechte Angst, hört und liest man doch immer wieder, dass diese Tiere gerne und vor allem kräftig zubeißen. Aber auch anderen Hunden trauen sie vielfach nicht über den Weg und sind froh, wenn die ihnen nicht zu nahe kommen. Das ist durchaus verständlich, denn schließlich besteht immer – selbst wenn das Herrchen schon von weitem »Der tut nichts!« ruft – die Gefahr, dass der fremde Vierbeiner sich bedroht fühlt und zubeißt. Doch das ist im Allgemeinen zwar schmerzhaft, aber ansonsten gar nicht so schlimm, denn ein Hundebiss bleibt für den Betroffenen meist ohne gravierende Folgen.

Weitaus gefährlicher ist da schon der Biss eines Mitmenschen. Und der kommt erstaunlicherweise gar nicht so selten vor. Denn dass ein Mensch einen anderen beißt, passiert durchaus nicht nur im Verlauf einer handfesten Auseinandersetzung, sondern zu rund einem Fünftel auch beim leidenschaftlichen Liebesspiel. Fatal daran ist weniger der Schmerz, den der Gebissene erleidet, als vielmehr die hohe Infektionsgefahr. Dabei geht es gar nicht um die Übertragung von bekanntermaßen gefährlichen Erregern wie Aids- oder Hepatitisviren, vielmehr beherbergt jeder von uns in seinem Mund eine ganze Menge potentiell krank machender Keime, die über die Bisswunde in den Körper eines anderen Menschen gelangen und dort üble Auswirkungen haben können. So tummeln sich in jeder dritten Bissverletzung Bakterien vom Typ *Eikenella corrodens*, die an den unterschiedlichsten Organen akute Entzündungen verursachen und mit Antibiotika nur schwer in den Griff zu bekommen sind.

Hinzu kommt, dass die meisten Menschen nach dem Biss eines Hundes unverzüglich einen Arzt aufsuchen, während sie das — vermutlich aus Scham oder falsch verstandenem Stolz, aber auch, weil sie die Verletzung für harmlos halten — bei einem Menschenbiss nur ausnahmsweise tun. Die Folge ist, dass die Wunde viel zu spät oder überhaupt nicht behandelt wird. Und ohne fachkundige Desinfektion und gegebenenfalls weitere ärztliche Maßnahmen kann solch ein Biss durchaus tödlich enden.

Männer –
Oft alles andere als männlich

Auch ein sterilisierter Mann kann Kinder zeugen

Wird ein Mann sterilisiert, werden also beide Samenleiter durchtrennt und abgebunden, so hört die Spermienproduktion in den Hoden zwar nicht auf, doch die dort gebildeten Samenfäden können bei der Ejakulation nicht mehr nach außen gelangen und somit im weiblichen Körper keine Eizelle mehr befruchten.

Und dennoch kann auch ein sterilisierter Mann noch Kinder zeugen. Zwar ist es den frisch gebildeten Spermien ganz und gar unmöglich, die Trennstellen zu passieren – sie sammeln sich in den Nebenhoden und werden dort von sogenannten »Fresszellen« vernichtet –, doch zum Zeitpunkt des operativen Eingriffs befinden sich immer schon einige Spermien oberhalb der Stelle, an der die Samenleiter durchschnitten werden. Und diese Spermien sind noch eine ganze Weile befruchtungsfähig. Gewöhnlich dauert es sechs bis acht Wochen oder etwa ein Dutzend Ejakulationen, bis die Samenflüssigkeit kein einziges Spermium mehr enthält. Aus diesem Grund sollten der Mann und seine Partnerin so lange eine andere Form der Empfängnisverhütung anwenden, bis mindestens zwei aufeinander folgende Sperma-Analysen ergeben haben, dass die Flüssigkeit vollkommen frei von männlichen Samenzellen ist.

Auch ein Mann mit Erektion kann impotent sein

Ein Mann, der beim Sex nie eine Erektion bekommt, ist impotent; das ist allgemein bekannt. Doch auch derjenige, dessen Glied sich jedes Mal zuverlässig versteift, kann im medizinischen Sinne durchaus impotent sein. Denn die Erektionsschwäche ist nur eine Seite der Medaille, die man als »Impotentia coeundi«, also als »Unfähigkeit, den Beischlaf auszuüben«, bezeichnet. Grundsätzlich gilt aber, dass ein Mann dann impotent (wörtlich: »unfähig« oder »ohnmächtig«) ist, wenn er nicht in der Lage ist, ein Kind zu zeugen. Und dazu gehört eben mehr als die bloße Fähigkeit zum Geschlechtsverkehr, nämlich vor allem eine ausreichende Menge einwandfreien Spermas.

Männer, die davon zu wenig produzieren, die an Prostata, Hoden oder Nebenhoden erkrankt sind, die keinen Samenerguss haben oder bei denen die Spermien Defekte aufweisen, leiden – auch wenn sie es vielleicht selbst gar nicht wissen – unter der »Impotentia generandi«, der »Unfähigkeit, sich fortzupflanzen«. Daher können sogar Männer mit erstaunlicher sexueller Ausdauer impotent sein, während ein älterer Mann, der vielleicht nur noch ein einziges Mal im Monat zu einer halbwegs brauchbaren Erektion imstande ist, dabei aber eine größere Menge befruchtungsfähiger Samenfäden ausstößt, im medizinischen Sinne durchaus potent ist.

Übrigens spielen bei der Qualität des Spermas die Lebensumstände des Mannes eine wichtige Rolle. Bei einer Untersuchung einer Londoner Samenbank zeigte sich, dass von Landbewohnern nicht einmal jeder zweite wegen schlechter

Samenqualität abgewiesen wurde, während es bei den Herren aus der Stadt mehr als 75 Prozent waren.

Auch Männer haben Brüste

Etliche Herren in fortgeschrittenem Alter weisen im Brustbereich ausgeprägte Schwellungen auf, die fast weiblich anmuten und im Schwimmbad deutlich zu sehen sind. Die Ursache liegt im weiblichen Geschlechtshormon Östrogen, das auch der männliche Körper in geringem Ausmaß produziert (für Frauen gilt dies umgekehrt ebenso). Da beim Mann mit fortschreitendem Alter immer weniger Testosteron produziert wird, während die Östrogenbildung praktisch unverändert bleibt, da sich also das Verhältnis der männlichen und weiblichen Geschlechtshormone immer mehr zu Gunsten der weiblichen verschiebt, prägen sich eben auch beim älter werdenden Mann immer mehr frauliche Merkmale aus, und das zeigt sich äußerlich vor allem im Brustwachstum.

Da Östrogen seine Wirkung besonders intensiv in fettreichen Geweben entfaltet, sind von dieser Erscheinung in erster Linie beleibtere Herren betroffen. Je mehr Fett ein solcher Mann also mit sich herumträgt, desto deutlicher wird der »verweiblichende« Effekt des Östrogens, und desto größer wird das Risiko, dass ihm Brüste schwellen.

Auch Männer bekommen Brustkrebs

Mit dem Begriff »Brustkrebs« verbinden fast alle Menschen automatisch eine Geschwulstbildung, die nur Frauen befallen kann. Und in der Tat handelt es sich bei der schlimmen Krankheit um die bei der weiblichen Bevölkerung in den westlichen Industrienationen häufigste Krebsform, die die meisten Todesfälle zur Folge hat. Doch der heimtückische, bösartige Tumor der Brustdrüse kommt nicht nur bei Frauen vor, vielmehr können auch Männer daran erkranken. Das passiert sogar weitaus häufiger, als man gemeinhin annimmt. Immerhin 600-mal pro Jahr ist es in Deutschland nicht eine weibliche, sondern eine männliche Brust, in der die heimtückische Geschwulst wuchert. Und die Zahl der erkrankten Männer nimmt stetig zu. Das liegt schlicht daran, dass vornehmlich ältere Herren zwischen 60 und 70 Jahren betroffen sind, von denen es infolge der steigenden Lebenserwartung immer mehr gibt.

Bei den meisten Männern macht sich der Brustkrebs – ähnlich wie bei Frauen – anfänglich in Form eines kleinen Knotens bemerkbar, der in der Regel ziemlich lange unbemerkt bleibt. Schuld daran ist zum einen, dass es die Herren der Schöpfung einfach nicht gewohnt sind, ihre Brust regelmäßig auf verdächtige Veränderungen hin abzutasten (obwohl ein Knoten bei ihnen viel leichter zu fühlen ist), und zum anderen, dass beim Wachstum des Tumors in über 90 Prozent der Fälle keinerlei warnende Schmerzen auftreten. Wenn die Geschwulst überhaupt erkannt wird, dann meist wegen rätselhafter Geschwüre, kraterartige Hautdefekte, Blutungen oder Einziehungen im Bereich der Brustwarze. Hinzu kommt, dass Ärzte wegen des vergleichsweise seltenen Vorkommens bei Männern oft eine falsche Diagnose stellen. Das ist ausgesprochen fatal, denn die Tatsache, dass der männliche Brustkrebs im Vergleich zur weiblichen Variante durchschnittlich etwa zehn Jahre später auftritt und zudem häufig lange Zeit nicht als solcher diagnostiziert wird, hat zur Folge, dass die betroffenen Männer deutlich geringere Chancen haben, die Erkrankung zu überleben, als Frauen.

Maßeinheiten –
Am laufenden Band

Die Länge eines Meters misst man mit der Uhr

Ein Meter ist ohne jeden Zweifel ein Längenmaß, und mit einer Uhr bestimmt man ebenso zweifelsfrei die Zeit. Da erstaunt es zunächst, dass man eine Uhr benutzt, um präzise festzulegen, wie lang ein Meter ist. Ursprünglich wurde dessen Ausmaß als zehnmillionster Teil der Entfernung zwischen Pol und Äquator auf dem Meridian von Paris definiert, und 1795 wurde ein Prototyp dieses Meters mit der größten seinerzeit möglichen Sorgfalt in Messing gegossen. Tatsächlich bescheinigten spätere Messungen dem Metallkörper eine außerordentliche Genauigkeit: Er war gerade einmal 0,13 Millimeter zu lang. Doch so winzig die Abweichung war, so sehr war sie für die ehrgeizigen Forscher ein Ansporn, sie zu beseitigen. Also fertigten sie vier Jahre später – diesmal aus einer Platin-Iridium-Legierung – das sogenannte »Urmeter« an. Doch im Bestreben, nicht wieder denselben Fehler und das gute Stück erneut zu lang zu machen, übertrieben sie es ein klein wenig – mit dem Resultat, dass der Prototyp nun 0,2 Millimeter zu kurz war.

Auch diese Abweichung vom Idealmaß ist zwar minimal, doch für heutige wissenschaftliche Zwecke dennoch erheblich zu groß. Deshalb suchte man eine verlässlichere Referenz und fand diese in der überaus präzisen Geschwindigkeit des Lichts (siehe Seite 23). Daraufhin definierte die »17. Generalkonferenz für Maße und Gewichte« die Länge eines Meters im Jahr 1983 als »die Strecke, die das Licht im Vakuum in einer Zeit von 1/299.792.458 Sekunden zurücklegt«. Damit hatte man das Meter nicht nur außerordentlich präzise festgelegt, sondern seine Länge war auch exakt reproduzierbar. Denn von allen physikalischen Grundeinheiten lässt sich die Zeit und damit die Sekunde am genauesten bestimmen. Zu diesem Zweck benutzt man eine Atomuhr, die sich nach einer exakt definierten Strahlung des chemischen Elements Cäsium richtet und innerhalb eines Jahres maximal um eine Millionstel Sekunde falsch geht.

> **Wenn Sie mal wieder vergeblich nach einem Zollstock suchen,**
> *… nehmen Sie zum Abmessen doch einfach Ihre Uhr.*

Verlängert man ein am Äquator anliegendes Seil um einen Meter, kann man es 100 Meter vom Boden abheben

Stellen Sie sich vor, Sie legen ein Seil straff um den circa 40.000 Kilometer langen Äquator der Erde und verlängern es anschließend um genau einen Meter. Wie weit kann man es dann überall gleichzeitig vom Boden abheben? 1 Millimeter, 1 Zentimeter? Oder lässt sich das vielleicht überhaupt nicht messen?

Die Antwort klingt unglaublich: Zwischen Seil und Erde klafft ringsum ein Zwischenraum von 16 Zentimetern! Und was noch mehr verblüfft: Das Ergebnis ist unabhängig von der Größe der Erde; der Abstand wäre auch bei einer wesentlich größeren Kugel exakt derselbe. Man kann das verhältnismäßig einfach ausrechnen, aber wir wollen uns hier mit dem Staunen begnügen.

Das wird sogar noch größer, wenn man berechnet, wie weit man das Seil an einer beliebigen Stelle vom Erdboden abheben kann, wenn es sonst überall eng anliegt. Das sind nämlich sagenhafte 121,5 Meter! Und die Stelle, über dem sich der höchste Punkt des Seils befindet, ist von den Orten, an denen es links und rechts den Boden berührt, annähernd 40 Kilometer entfernt!

Im Unterschied zum gleichmäßigen Abstand, der, wie erwähnt, unabhängig vom Durchmesser der Erde und damit von der Länge des Äquators stets 16 Zentimeter beträgt, ist die Größe der Erde im zweiten Fall durchaus von Belang. Der Wert von 121,5 Metern gilt also nur auf der Erde mit ihrem Radius von 6378 Kilometern.

Mit einem Bleistift kann man eine mehr als 50 Kilometer lange Linie ziehen

Die Ausdauer von Bleistiftminen ist enorm: Statistiker haben ermittelt, dass man mit einem einzigen Stift durchschnittlich rund 45.000 Wörter schreiben kann. Wenn man bedenkt, dass Ernest Hemingway sich beim Verfassen seiner Kurzgeschichten und Romane ein Pensum von 800 Wörtern pro Tag zum Ziel gesetzt hat, kann man ausrechnen, wie lange er mit einem Stift auskam. Tatsächlich ist die – natürlich sehr dünne – Linie, die man mit ein und demselben Bleistift ziehen kann, 56 Kilometer lang. Da kann kein Kugelschreiber auch nur annähernd mithalten.

Wenn Sie einen Schreibwarenhändler verblüffen wollen,
… kaufen Sie 16 Bleistifte und erklären Sie ihm, damit eine Nord-Süd-Linie quer durch ganz Deutschland ziehen zu wollen.

Pflanzen –
Geheimnisvolle Lebenszeichen

Pflanzen werden Tiere

Das entscheidende Detail, das eine Pflanze von einem Tier unterscheidet, ist ihre Fähigkeit, aus Wasser und dem Kohlendioxid der Luft organische Moleküle herzustellen (wobei, gleichsam als Abfallprodukt, der Sauerstoff produziert wird, den wir atmen). Diesen Prozess bezeichnet man bekanntermaßen als Photosynthese; weil beispielsweise Pilze dazu nicht in der Lage sind, sind sie eben auch keine Pflanzen, sondern stellen eine eigene biologische Organismengruppe dar (siehe S. 145).

Tieren ist also gemeinsam, dass sie selbst keine organische Substanz herstellen können, sondern gezwungen sind, diese mit der Nahrung aufzunehmen. Sie können sie zwar in ihrem Körper spalten, umwandeln und zu anderen Produkten zusammensetzen, aber Kohlenhydrate, Proteine oder Fette selbst produzieren können sie nicht. Das beherrschen ausschließlich Pflanzen. Dazu besitzen diese in ihren Zellen kleine grüne Körperchen, die sogenannten »Chloroplasten«. Ohne diese Miniorgane findet keine Photosynthese statt, oder anders ausgedrückt: Ein Organismus, der keine Chloroplasten besitzt, kann per definitionem keine Pflanze sein.

Nun gibt es aber Einzeller, die in ferner Vergangenheit dadurch aus anderen Einzellern hervorgegangen sind, dass ein Teil von ihnen seine Chloroplasten verloren hat. Handelte es sich vorher um Geißelalgen der Art *Euglena gracilis*, so gab man ihnen danach den biologischen Namen *Astasia longa*. Tatsächlich existieren beide Arten – die chloroplastenhaltige Pflanze und das chloroplastenlose Tierchen – heutzutage friedlich nebeneinander. Und da biologische Prozesse, die in der Vergangenheit stattgefunden haben, aller Wahrscheinlichkeit auch in Zukunft wieder vorkommen werden, ist es durchaus möglich, ja sogar wahrscheinlich, dass es irgendwann noch weitere Tiere geben wird, die früher einmal Pflanzen waren.

Pflanzen bekommen Fieber

Fieber, also ein länger anhaltender Temperaturanstieg auf 38 °C und darüber hinaus, ist bei einem Menschen ein Zeichen, dass das Immunsystem intensiv mit der Abwehr eingedrungener Erreger beschäftigt ist. Denn die Wärme beschleunigt die dazu erforderlichen biochemischen Reaktionen und ist daher der Genesung durchaus förderlich. Bei Tieren verhält sich das im Grunde genauso.

Seit einigen Jahren wissen wir nun, dass auch Pflanzen Fieber bekommen. Auch sie reagieren damit auf den Angriff feindlicher Mikroben, vorzugsweise Viren. Das haben belgische Wissenschaftler beispielhaft an Lilien nachgewiesen, die sie in einem abgeschlossenen und sorgfältig gegen äußere Einflüsse isolierten Raum mit sogenannten »Tabakmosaik-Viren« infizierten. Anschließend maßen sie mit hochauflösenden Infrarotkameras die Temperatur in den befallenen Pflanzenteilen. Und siehe da: Diese stieg innerhalb kurzer Zeit um etwa 1 °C an. Den Stoff, der die Erwärmung auslöst, identifizierten die Botaniker als Salicylsäure. Erhöht die Pflanze in bestimmten Abschnitten deren Konzentration, so hat das zur Folge, dass sich die auf der Blattunterseite gelegenen, normalerweise dem Gasaustausch dienenden Spaltöffnungen schließen. Dadurch kann kein Wasser mehr austreten, das das Blatt bei seiner Verdunstung kühlt. Folge: Dieses wird wärmer, und das befallene Gewebe stirbt mitsamt den darin enthaltenen Viren ab. Der gesamte Mechanismus ist also durchaus mit einer Abwehrreaktion unseres menschlichen Immunsystems gegen Krankheitserreger vergleichbar.

Dünger lässt Pflanzen welken

Dünger ist Pflanzennahrung, die mit ihren Bestandteilen maßgeblich zum Gedeihen der grünen Gewächse beiträgt. Allerdings nur, wenn man es damit nicht übertreibt. Denn der auf die Blumenerde aufgebrachte Dünger gelangt durch einen Mechanismus in die Pflanze, den man »Osmose« nennt. Voraussetzung dafür ist, dass die Gewebsflüssigkeit innerhalb der Wurzeln mehr gelöste Salze enthält als das Wasser im umgebenden Boden. Dann strömt dieses Wasser nämlich in dem »Bestreben«, die Konzentration auszugleichen, in die Wurzel hinein und nimmt dabei die Nährsalze mit.

Gibt man jedoch zu viel Dünger auf die Erde, kehrt man den Vorgang zwangsläufig um: Nun ist auf einmal die Umgebung der Wurzeln stärker salzhaltig als ihr Inneres, mit dem Ergebnis, dass Wasser aus ihr herausströmt. Und das lässt die Pflanze innerhalb kürzester Zeit all ihre Spannung verlieren: Sie welkt.

Der gleiche Mechanismus ist übrigens dafür verantwortlich, dass zu früh angemachter Salat labberig wird: Das hochkonzentrierte Dressing entzieht den Pflanzenblättern Wasser, und sie fallen kraftlos in sich zusammen.

Eine Buche produziert täglich über zehn Kilo Zucker

Von der Photosynthese und ihren segensreichen Auswirkungen auf den Menschen war ja schon im Zusammenhang mit den Pflanzen, die zu Tieren werden sowie den Pilzen, die Rede (siehe Seiten 135 und 145). Bei diesem wichtigsten aller biologischen Prozesse produzieren Pflanzen aus dem über die Wurzeln aufgenommenen Wasser sowie dem Kohlendioxid der Luft organische Substanzen, allen voran Zucker. Und – gleichsam als Abfallprodukt – entsteht auch noch der Sauerstoff, den wir unbedingt atmen müssen, um nicht zu ersticken. Davon produziert eine mittelalte Buche mit ihren rund 600.000 Blättern (zusammengenommen bedecken sie eine Fläche von rund 1200 Quadratmetern) an einem einzigen sonnigen Tag etwa 9 Kubikmeter, den mittleren Tagesbedarf von fünf Menschen. Doch was noch weitaus verblüffender ist: Die Buche erzeugt dabei 12 Kilo Zucker. Im Supermarkt wären das nicht weniger als 24 Päckchen zu je einem Pfund.

Pflanzen fressen Ratten

Dass es Pflanzen gibt, die sich von fleischlicher Kost ernähren, ist eine altbekannte Tatsache. Für diese Fähigkeit berühmt sind vor allem die Venusfliegenfalle und der Sonnentau, die in sinnreich konstruierten Fallen Fliegen und andere Insekten fangen, diese mit Hilfe hochwirksamer Verdauungssekrete auflösen und sich an ihren Bestandteilen gütlich tun.

Genauso macht es im Prinzip ein Gewächs, das in den Regenwäldern Indonesiens und speziell auf der Insel Borneo an Bäumen hochrankt: eine Kannenpflanze mit dem botanischen Namen *Nepenthes rajah*. Sie wächst ausgesprochen langsam: Bis zur ersten Blüte vergehen durchschnittlich 10 Jahre, ihre volle Größe erreicht die Pflanze jedoch erst nach etwa 100 Jahren (!). Je größer sie wird, desto weniger begnügt sie sich mit Kleingetier, vielmehr steht sie als Fleischfresserin selbst vielen kleinen Raubtieren in nichts nach. Zu diesem Zweck besitzt sie große, zu einer Art Fallgrube umgewandelte Blätter, die einen voluminösen eiförmigen Kessel – an die 40 Zentimeter hoch mit einem Durchmesser von 18 bis 20 Zentimetern – bilden, in dem nicht nur Vögel und Frösche, sondern sogar Tiere bis zur Größe von Ratten und Erdhörnchen Platz finden. Die lockt die Kannenpflanze mit raffinierten Tricks – Nektarduft, blütenähnlichen Farben und Geruch nach Trinkbarem – von weither an. Kommen die ahnungslosen Opfer dabei dem Rand des perfiden Kessels zu nahe, so rutschen sie ab und plumpsen in einen Tümpel aus mehreren Litern aggressiven Sekrets, in dem sie zappelnd ertrinken und anschließend kurzerhand mit Hilfe der darin enthaltenen Enzyme verdaut werden. Damit ist *Nepenthes rajah* die einzige Pflanze der Welt, die in der Lage ist, Säugetiere zu vertilgen.

Wenn Ihr Meerschweinchen plötzlich verschwunden ist und nicht mehr auftaucht,
… erkundigen Sie sich vorsichtshalber erst einmal, ob in Ihrer Nachbarschaft vielleicht jemand eine Kannenpflanze besitzt.

Bäume wachsen in der Stadt schneller als auf dem Land

Dass die Luft in einer Stadt mit ihren vielen Autos sowie den von Schornsteinen überragten Häusern und Industrieanlagen viel mehr Schadstoffe enthält als auf dem freien Land, scheint eine feststehende Tatsache zu sein. Da sollte man eigentlich erwarten, dass Bäume in Städten eher schlechter gedeihen und in ihrem Wachstum hinter ihren ländlichen Artgenossen zurückbleiben. Doch das Gegenteil ist der Fall.

Forscher von der New Yorker Cornell-Universität haben Baumschößlinge zur Hälfte in diversen Großstädten und zur anderen in eher ländlichen Gegenden angepflanzt und anschließend deren Wachstum über einen längeren Zeitraum akribisch vermessen und aufgezeichnet. Dabei zeigte sich zu ihrem Erstaunen, dass die Pflanzen in den Städten annähernd doppelt so schnell größer und voluminöser wurden und erheblich mehr Biomasse produzierten als außerhalb von Ballungsgebieten. Auch als sie mit komplexen Computerprogrammen Unterschiede in der Bodenqualität, der Verfügbarkeit von Nährstoffen sowie des Kohlendioxidgehalts der Luft herausrechneten, blieb der Vorteil der Stadtbäume erhalten.

Dafür haben die Wissenschaftler eine ebenso einleuchtende wie verblüffende Erklärung: Es ist das Ozon, das den Unterschied ausmacht. Das hemmt nämlich die pflanzliche Entwicklung ganz beträchtlich. Nun werden Sie einwenden, die Ozonkonzentration sei doch in einer Großstadt allemal höher als auf dem Land – und das stimmt auch tatsächlich. Allerdings wird das tückische Gas durch den Wind durchaus auch in abgelegene Gebiete transportiert, und da bleibt es – Tag und Nacht – viel länger erhalten als in einer Stadt. Denn in einer solchen wird das ausschließlich tagsüber unter dem Einfluss von Sonnenlicht entstandene Ozon in der Nacht von den Stickoxiden aus den Autoabgasen wieder abgebaut. Deshalb ist sein Einfluss auf das Baumwachstum – so paradox es klingt – auf dem Land deutlich höher als in der Großstadt. Tagsüber ist die Luftverschmutzung durch Ozon in Städten zwar erheblich ausgeprägter als in ländlichen Regionen, doch insgesamt gesehen macht das Gas den Bäumen dort viel mehr zu schaffen, da es ihre Zweige und Blätter auch nachts und damit rund um die Uhr umweht.

Bäume werden tagsüber dünner

Betrachtet man einen Baum, so scheint es sich um ein massives Gebilde zu handeln, das zwar mit dem Älterwerden an Größe und damit auch an Stammumfang zunimmt, aber ja wohl kaum schlanker werden kann. Doch genau das haben Messungen amerikanischer Wissenschaftler ergeben. Die Ergebnisse belegen eindeutig, dass fast alle Baumstämme im Laufe eines Tages an Umfang ab- und während der Nacht wieder zunehmen. Jahrelang konnten sich die Wissenschaftler das nicht erklären, scheint das tote Holz doch viel zu starr zu sein, um messbar dicker oder dünner zu werden. Doch allmählich kam man dem Rätsel auf die Spur: Verantwortlich für die täglichen Schwankungen ist der Feuchtigkeitsgehalt des Stammes. Denn die Blätter geben tagsüber durch ihre Spaltöffnungen – durch die sie auch das für die Photosynthese benötigte Kohlendioxid aufsaugen und den erzeugten Sauerstoff in die Umgebungsluft blasen – kontinuierlich Wasser ab. Dieses entziehen sie kurzerhand dem Stamm, der zwar Nachschub aus dem Boden hochpumpt, dabei jedoch mengenmäßig nachhinkt. Und das hat zwangsläufig zur Folge, dass er dünner wird.

Nachts dagegen, wenn es dunkel ist und keine Photosynthese stattfindet, gleicht der Baum das Flüssigkeitsdefizit wieder aus und saugt sich gleichsam mit Bodenwasser voll. Dabei übertreibt er es in den meisten Fällen sogar und sorgt mit einem Überschuss an Feuchtigkeit für möglichst große Reserven. Und dabei schwillt er messbar an. Allerdings spielt das leblose Holz bei diesem Prozess so gut wie keine Rolle, vielmehr sind es die Rinde und die darunter gelegenen Gewebsschichten, die derlei Veränderungen ermöglichen. Denn diese sind erheblich elastischer als Holz und können sich durch Wasseraufnahme tatsächlich beträchtlich ausdehnen sowie durch dessen Abgabe wieder zusammenziehen.

Pflanzen warnen ihre Artgenossen

Im Labor des Max-Planck-Instituts für Chemische Ökologie der Universität Jena sind Wissenschaftler seit einiger Zeit voller Eifer damit beschäftigt, Pflanzen zu quälen. Sie kneifen sie mit Zangen, fügen ihnen mit Rasierklingen tiefe Schnitte zu und rücken ihnen mit kleinen Robotern zu Leibe, die die Kaubewegungen gefräßiger Raupen nahezu naturgetreu nachahmen. Das alles tun sie jedoch nicht aus purem Sadismus, sondern um hinter das Geheimnis zu kommen, wie Pflanzen gegenseitig Informationen austauschen und vor allem, mit welchen Tricks sie sich untereinander vor drohenden Gefahren warnen. Denn dass sie das tun, steht fest.

So alarmieren etwa Maisstauden, die von Raupen heimgesucht werden, umgehend ihre Nachbarn, woraufhin diese sich unverzüglich daran machen, größere Mengen von Abwehrstoffen zu produzieren. Und afrikanische Akazienarten teilen anderen Bäumen mit, dass sie gerade von Antilopen oder Giraffen angeknabbert werden. Auf diese Weise gewinnen die umstehenden Pflanzen die entscheidenden Sekunden und Minuten, um noch rasch größere Mengen von Tanninen zu bilden, die für die Fressfeinde giftig sind und sie höchst effektiv von ihrem zerstörerischen Tun abhalten. Auch andere Gewächse kommunizieren mit ihren Artgenossen. So stecken überreife, zu faulen beginnende Äpfel in der Nähe hängende Früchte an, ausgewachsene Tomaten veranlassen Nachzügler, auch endlich rot zu werden, und wenn sich im Herbst die Blätter fast alle gleichzeitig von den Ästen lösen und zu Boden fallen, ist das auch kein Zufall: Die Bäume haben das gleichsam untereinander abgesprochen.

Dank der Arbeit der Jenaer Forscher wissen wir nun endlich, wie die Pflanzen dabei vorgehen; schließlich können sie ihren Artgenossen ja weder eine Warnung zurufen noch so etwas wie Leuchtpistolen abschießen. Vielmehr benutzen sie als Kommunikationsmittel chemische Stoffe – man könnte sie als »Signalgase« bezeichnen –, die sie einfach in die sie umgebende Luft ausstoßen. Diese Substanzen werden vom Wind zu den anderen Pflanzen getragen, die darauf rasch und heftig mit spezifischen Abwehrmaßnahmen, meist der Produktion wirksamer Gifte, reagieren.

Wie komplex und feinfühlig dieses Informationssystem funktioniert, erkannten die Jenaer Wissenschaftler, als sie eine Tabakpflanze mit einer Zange traktierten. Die kümmerte das nämlich überhaupt nicht. Offenbar hatte sie genau gemerkt, dass es sich bei dem Verursacher der Verletzungen nicht um einen Fressfeind, sondern vielleicht um ein Hagelkorn oder etwas anderes handelte, so dass kein Alarm vonnöten war. Kam jedoch der Raupen imitierende Roboter zum Einsatz, veranlasste er die Tabakpflanzen dazu, allmählich etwas zu unternehmen. Allerdings taten sie das anfangs noch sehr verhalten – die vermeintliche Raupe kam ihnen offenbar nicht allzu gefährlich vor. Als die Forscher den künstlichen Pflanzenfresser jedoch zusätzlich so programmierten, dass er beim Knabbern echten Raupenspeichel abgab, gerieten die Pflanzen regelrecht in Panik: Innerhalb weniger Minuten produzierten sie in sämtlichen Blättern einen Duftstoff, der aus den von den Robotern zugefügten Wunden strömte und sich mit dem Wind kilometerweit ausbreitete. Und eine Stunde später konnten die Forscher in der befallenen Pflanze ebenso wie in den umliegenden Gewächsen die starke Vermehrung eines Giftes feststellen, das echten Raupen zum Verhängnis geworden wäre.

Allerdings funktioniert das ausgeklügelte Alarmsystem offenbar nur bei Gewächsen perfekt, die sich noch in einer Art Urzustand befinden, das heißt, an denen der Mensch noch keine größeren Manipulationen vorgenommen hat. Dagegen versagen hochgezüchtete Nutzpflanzen wie Tomaten, Getreidearten und Baumwolle in dieser Hinsicht vollkommen: Die menschlichen Eingriffe haben sie gleichsam stumm gemacht – und damit Schädlingen mehr oder minder hilflos ausgeliefert. Die Forscher hoffen daher, die »botanische Sprache« irgendwann so gut zu verstehen, dass sie sie den Nutzpflanzen wieder beibringen können. Gelänge dies, wären Unmengen von Pflanzenschutzmitteln überflüssig, was nicht nur sehr viel Zeit und Geld sparen würde, sondern auch zahlreichen Nutztieren wie Spinnen und Bienen überaus zugute käme.

Pilze –
Viel mehr als Champignons und Pfifferlinge

Ein Pilz ist mehr Tier als Pflanze

Denkt man an Pilze, so fallen einem unweigerlich zuerst die hutbewehrten Exemplare ein, die man von herbstlichen Waldspaziergängen kennt. Dabei gibt es daneben noch viele weitere Arten – riesengroße (siehe S. 146) ebenso wie mikroskopisch kleine. Allen gemeinsam ist, dass sie, obschon weitgehend unbeweglich und vielfach auf dem Boden wachsend, mehr mit den Tieren als mit den Pflanzen verwandt sind. Im Gegensatz zu letzteren sind sie nämlich nicht grün, verfügen also über kein Chlorophyll und sind daher nicht in der Lage, den wichtigsten biologischen Prozess überhaupt, die Photosynthese, zu bewerkstelligen. Dabei stellt eine Pflanze aus dem Kohlendioxid der Luft und dem aus dem Boden entnommenen Wasser organische Substanzen, vorzugsweise Kohlenhydrate, her, wobei, gleichsam als Abfallprodukt, Sauerstoff entsteht. Die organischen Stoffe dienen der Pflanze selbst als Nahrung – aber auch den Tieren, die sie fressen, sowie denjenigen, die wiederum Tiere verspeisen. Es ist daher nicht übertrieben, zu behaupten, dass wir ohne grüne Pflanzen allesamt ersticken und verhungern müssten.

Da Pilze ihre Nährstoffe mangels Chlorophyll also nicht

selbst produzieren können, sind sie zur Aufrechterhaltung ihrer Lebensprozesse auf Substanzen angewiesen, die sie entweder mit Hilfe von Enzymen aus ihrer unmittelbaren Umgebung herauslösen oder von anderen Organismen zur Verfügung gestellt bekommen, mit denen sie in Symbiose zusammenleben. Und eine solche »Fremdernährung« (der Fachmann spricht von »Heterotrophie«) ist eben ein kennzeichnendes Merkmal der Tiere.

Doch noch etwas anderes unterscheidet die Pilze ganz deutlich von den Pflanzen: Ihre Zellen besitzen keine stabilen Wände aus Zellulose. Vielmehr bestehen diese aus Chitin und damit aus demselben Stoff, der auch dem äußeren Panzer von Würmern und Gliederfüßern (Insekten, Spinnen, Krebse) seine Stabilität verleiht – einer Substanz also, die für einen Großteil der auf der Erde lebenden Tiere, aber für keinerlei Pflanzengruppe charakteristisch ist.

Es gibt einen Pilz so groß wie der Tegernsee

Tatsächlich ist das größte Lebewesen der Welt nicht etwa ein Tier, beispielsweise ein mächtiger Wal, und auch keine Pflanze, etwa ein gewaltiger Mammutbaum, sondern eindeutig ein Pilz. Natürlich nicht einer von der Sorte, die wir im Herbst im Wald finden und, wenn wir uns auskennen, sammeln und essen, denn dabei handelt es sich lediglich um oberirdische Ausläufer, etwa so, wie ein Apfel auch nur ein winziger Teil des Apfelbaums ist.

Im Fall des riesigen Pilzes ist das eigentliche Lebewesen ein weitverzweigtes unterirdisches Geflecht, das sogenannte »Myzel«. Und das kann in der Tat enorme Ausmaße erreichen. Das bislang größte, das man weltweit gefunden hat, ist das eines Riesenpilzes im Malheur National Park im US-Bundesstaat Oregon. Wissenschaftler entdeckten es erst im Herbst 2000 und bestimmten sein Alter auf mehr als 2400 Jahre. Es handelt sich um einen »Dunklen Hallimasch«, der sich im Boden über eine Fläche von neun Quadratkilometern erstreckt; das entspricht in etwa der Größe von 1200 Fußballfeldern oder der Fläche des Tegernsees. Sein Gewicht – es lässt sich natürlich nicht real wiegen, sondern nur errechnen – beträgt etwa 600 Tonnen; damit ist der Pilz so schwer wie fünf ausgewachsene Blauwale. Die Forscher, die den Riesenorganismus aufgespürt haben, vermuten, dass er in dem trockenen Klima Oregons kaum jemals gezwungen war, Nachkommen zu erzeugen, die ihm Konkurrenz machen könnten, und sich daher ungehindert ausbreiten konnte.

Wesentlich kleiner, aber immer noch von beeindruckender Größe, ist der europäische Rekordhalter, ebenfalls ein Dunkler Hallimasch. Dessen dicke Fäden ziehen sich in der Schweiz über eine Fläche von immerhin 35 Hektar durch den Boden. Da Wissenschaftler ihm »nur« ein ungefähres Alter von rund 1000 Jahren geben, ist es durchaus möglich, dass er irgendwann die heutigen Ausmaße des amerikanischen Weltrekordhalters erreicht – doch der ist dann natürlich auch schon wieder ein beträchtliches Stück gewachsen. Hallimasch-Pilze werden nämlich nicht nur sehr groß, sondern auch uralt.

Ein Pilz bringt Häuser zum Einsturz

Wenn von Pilzen die Rede ist, denkt man unwillkürlich an die in Feld und Wald wachsenden Exemplare mit Hut wie Maronen oder Pfifferlinge und natürlich auch an giftige Arten wie Fliegen- oder Knollenblätterpilze. Doch hinter dem

Begriff »Pilz« verbirgt sich viel mehr: so unter anderem auch der gefürchtete Hausschwamm, der von der Deutschen Gesellschaft für Mykologie (= Pilzkunde) zum »Pilz des Jahres 2004« gewählt wurde. Er besitzt weder Stiel noch Hut, sondern lebt verborgen in verbautem Holz, sofern dieses nur genügend Feuchtigkeit aufweist und nicht zu kalt ist. Hat er sich dort eingenistet, erkennt man ihn allenfalls an flachen braunen Fruchtkörpern mit einem charakteristischen weißen Rand.

Doch dann ist es in der Regel schon zu spät. Denn der Pilz nutzt das Holz nicht nur als behaglichen Lebensraum, sondern zerstört es von innen her, indem er ihm mit Hilfe verschiedener Enzyme die faserige Zellulose entzieht, so dass nur eine bröselige Masse übrig bleibt: die sogenannte »Braunfäule«. Das von ihr durchsetzte Holz ist dann dermaßen porös, dass es sich einfach mit den Fingern eindrücken lässt. Der Hausschwamm – sein Vorkommen in einem Gebäude gilt als schwerer Baumangel und ist in einigen Bundesländern sogar meldepflichtig – höhlt das Holz also gleichsam von innen her aus.

Hat er sich erst einmal ausgebreitet, so ist eine Sanierung äußerst aufwendig und kostspielig. Unterbleibt diese jedoch, so fällt ihm zwangsläufig Balken für Balken zum Opfer, und wenn er dann irgendwann auch die tragenden Teile eines Bauwerks zerstört hat, besteht tatsächlich akute Einsturzgefahr. In diesem Fall bleibt nur noch die wenig erfreuliche Möglichkeit, das ganze Haus bis auf das Fundament abzureißen und neu zu errichten – und es bei dieser Gelegenheit von vornherein gegen einen erneuten Pilzbefall zu imprägnieren.

Radioaktivität –
Eine strahlende Naturerscheinung

Wir sind alle radioaktiv

Im wörtlichen Sinne sind Atome dann »radioaktiv«, wenn sie »unter Abgabe von Strahlung tätig« sind. Gemeint ist, dass sie sich fortlaufend in andere Atome umwandeln – üblicherweise spricht man von »radioaktivem oder Kernzerfall« –, wobei sie kontinuierlich Energie abgeben. Insofern ist die im allgemeinen Sprachgebrauch übliche Formulierung »radioaktive Strahlung« so etwas wie ein »weißer Schimmel«. Die Energie, die dabei frei wird, kann extrem zerstörerisch sein – man denke an die Atombomben auf Hiroshima und Nagasaki oder an den Reaktorunfall von Tschernobyl –, aber auch so gering, dass man sie nur mit feinsten Messinstrumenten registrieren kann.

Nun gibt es Atome, die in unterschiedlichen Varianten – sogenannten »Isotopen« – vorkommen, die sich geringfügig im Aufbau ihres Kerns unterscheiden. Und von diesen Isotopen sind oft nur eines oder zwei radioaktiv, während die anderen – in der Regel die am häufigsten vorkommenden – vollkommen stabil sind und gar nicht daran denken, zu irgendetwas zu zerfallen. So geht es auch dem Kohlenstoff, der bekanntlich in sämtlichen lebenden Wesen vorkommt (weshalb man die Kohlenstoffchemie – nicht ganz korrekt – als »organisch« bezeichnet). Die kosmische Strahlung bewirkt nämlich, dass sich immer ein winziger Teil der in der Atmosphäre enthaltenen Atome in ein Isotop umwandelt, das Chemiker Kohlenstoff-14 nennen (wegen der zwei im Vergleich zum »normalen« Kohlenstoff-12 überschüssigen Neutronen im Atomkern). Das betrifft zwar nur ein einziges Atom von 750 Milliarden (in Zahlen: 1:750.000.000.000), ist aber mit modernen Registrierinstrumenten ohne weiteres messbar und durchaus von Bedeutung.

Was das mit uns Menschen zu tun hat? Nun, um das zu verstehen, müssen wir einen kleinen Umweg über die »Photosynthese« machen, den fundamentalen biologischen Prozess, bei dem Pflanzen die Energie der Sonne dazu nutzen, aus Wasser und dem Kohlendioxid der umgebenden Luft Zucker und andere »organische« Substanzen zu produzieren (siehe S. 145). Weil von besagtem Kohlendioxid eben auch jedes 750-Milliardste das Isotop Kohlenstoff-14 enthält, gelangt dieses fortlaufend in die Pflanze und wird dort ganz normal verarbeitet. Das hat wiederum zur Folge, dass der Zucker, das Protein oder Öl, das die Pflanze bildet, eben auch eine winzige Menge Kohlenstoff-14 enthält. Wenn sich nun ein Tier die Pflanze oder Teile davon einverleibt, nimmt es damit zwangsläufig auch das radioaktive Isotop auf. Und das gilt natürlich auch für ein weiteres Tier (oder einen Menschen!), das entweder direkt pflanzliche oder – gleichsam über einen Umweg – tierische Nahrung zu sich nimmt.

Deshalb ist tatsächlich jede Pflanze, jedes Tier und selbstverständlich auch jeder Mensch radioaktiv und sendet fortwährend Strahlung aus, wenn auch in sehr geringem Umfang. Dabei zerfällt der Kohlenstoff-14 wie jedes andere radioaktive Isotop mit absolut konstanter Rate, was bedeutet, dass nach einer gewissen Zeit nur noch die Hälfte vorhanden ist. Diese Spanne – man nennt sie »Halbwertszeit« – beträgt beim Kohlenstoff-14 stolze 5730 Jahre. Nach 11.460 Jahren ist von dem Kohlenstoff-14 also nur noch ein Viertel vorhanden, nach weiteren 5730 Jahren ein Achtel und so weiter. Das gilt allerdings nur, sofern die Pflanze, das Tier oder der Mensch nicht ständig neue radioaktive Isotope zu sich nimmt, also erst, nachdem er oder sie gestorben ist.

Das ist eigentlich schon länger bekannt, aber erst in den Fünfzigerjahren des vorigen Jahrhunderts kam der Wissenschaftler Willard Libby von der Universität Chicago auf die geniale Idee, den gleichmäßigen Zerfall des Kohlenstoff-14-Isotops auszunutzen, um damit das Alter von Fossilien zu bestimmen. Denn mit dem Tod eines Lebewesens verschiebt sich das Verhältnis Kohlenstoff-12 zu -14 zwangsläufig immer mehr zugunsten des nicht radioaktiven Isotops. Und da man das messen kann, kann man daraus das Alter einer gefundenen Pflanze, einer Mumie, oder eines tierischen Knochens, aber auch eines Stückchens Holzkohle aus einem alten Lagerfeuer bestimmen. Man nennt das Verfahren, für das Libby 1960 den Nobelpreis erhielt, »Radiokarbon-Methode«. Man hat es unter anderem auch verwendet, um das Turiner Grabtuch zu untersuchen, das viele für dasjenige von Christus halten. Das funktionierte, da der Stoff aus Pflanzenfasern besteht. Die Berechnung hat eindeutig ergeben, dass es sich dabei um eine erst wesentlich später entstandene Fälschung handelt.

Kohlenstoff-14 macht uns Menschen also nicht nur ein klein wenig radioaktiv, sondern ermöglicht auch späteren Generationen, die vielleicht irgendwelche Überreste, vorzugsweise Knochen (siehe Ötzi) von uns finden, eindeutig zu bestimmen, wann wir das Zeitliche gesegnet haben.

Manchen Lebewesen ist radioaktive Strahlung egal

Radioaktive Strahlung – bei diesem Begriff zucken wir unwillkürlich zusammen. Denn selbst wenn wir nicht gleich an explodierende Kernkraftwerke oder gar Atombomben denken, ist uns vollkommen klar, dass der berüchtigte Zerfallsprozess schon in sehr geringer Dosierung extrem gefährlich ist. Allerdings gilt das nicht für sämtliche Lebewesen. Denn es gibt eine Reihe von Mikroorganismen, denen die heimtückischen Strahlen so gut wie nichts anhaben können.

Rekordhalter in puncto radioaktiver Resistenz sind Bakterien namens *Deinococcus radiodurans*. Diese wurden im Jahr 1956 mehr oder minder zufällig entdeckt, als man Fleischkonserven haltbar machen und zu diesem Zweck sämtliche darin vorhandenen Keime mit hochdosierter ionisierender Strahlung abtöten wollte. Tatsächlich kamen dabei nahezu sämtliche Mikroorganismen um, nur nicht besagte Bakterien. Die können nämlich sogar im Kühlwasserkreislauf eines Atomkraftwerks überleben.

Wie unglaublich widerstandsfähig sie gegenüber radioaktiven Zerfallsprozessen sind, wird deutlich, wenn man ihren LD_{50}-Wert erfährt, der angibt, bei welcher Strahlendosis die Wahrscheinlichkeit zu überleben genauso groß ist wie das Risiko zu sterben. Dieser beträgt bei *Deinococcus radiodurans* unglaubliche 18.000 Gray. Das sagt einem nicht mit der Materie Vertrauten natürlich zuerst einmal gar nichts. Doch wenn man weiß, dass bei den Atombombenabwürfen auf Nagasaki und Hiroshima etwa 10 Gray freigesetzt wurden, woraufhin ein Großteil der Einwohner innerhalb von zwei Wochen starb, und dass eine Strahlendosis von 50 Gray für einen Menschen unmittelbar tödlich wirkt, wird die enorme Resistenz der unscheinbaren Bakterien deutlich.

Natürlich interessieren sich Wissenschaftler aus aller Welt für die physiologischen Ursachen dieser unfassbaren Widerstandskraft. Und nach umfangreichen Versuchen haben sie herausgefunden, dass *Deinococcus radiodurans* offenbar über Enzyme verfügt, die Schäden an der Erbsubstanz DNA (dem sämtliche Vorgänge in der Zelle steuernden Programm) mit einer bis dahin nicht für möglich gehaltenen Geschwindigkeit und Effektivität reparieren. Während etwa die bei den Forschern überaus beliebten Kolibakterien gleichzeitig maximal zwei bis drei derartige Reparaturvorgänge zuwege bringen, sind es bei *Deinococcus* nicht weniger als 1500! Außerdem verfügen die Bakterien über vier gleiche Chromosomen – und damit über vier identische Kopien jeden Gens –, zwischen denen nach hoher Strahlenbelastung Austauschvorgänge stattfinden, die die Erbinformation in Windeseile wieder komplettieren. Und schließlich scheint die stabile Zellwand der robusten Gesellen DNA-zerstörende Umwelteinflüsse nur in erstaunlich geringem Umfang durchzulassen.

Kein Wunder daher, dass *Deinococcen* auch gegenüber anderen schädigenden Einflüssen alles andere als zimperlich sind. So vertragen sie problemlos extreme Temperaturschwankungen, lassen sich auch von überaus aggressiven Chemikalien nicht unterkriegen und überleben sogar in konzentrierten Laugen- und Säurebädern. Und wenn man ihnen den Sauerstoff wegnimmt, indem man sie in ein Gefäß setzt, in dem ein absolutes Vakuum herrscht, schnappen sie nicht etwa verzweifelt nach Luft, sondern finden sich mit den widrigen Bedingungen über einen erstaunlich langen Zeitraum vollkommen klaglos ab.

Recht und Gesetz –
Man darf mehr, als man weiß

Jedermann darf einen Verbrecher festnehmen

Man kennt das aus Krimis in Kino und Fernsehen: Der Polizist lässt die Handschellen um die Gelenke des Täters schnappen und verkündet ernst und amtlich: »Sie sind festgenommen!« Niemand streitet ihm das Recht dazu ab, schließlich ist er ja dazu da, für Gesetz und Ordnung zu sorgen und Verbrecher dingfest zu machen. Doch kaum jemand weiß, dass nicht nur Polizeibeamte Kriminelle festnehmen dürfen, sondern dass dazu jedermann das Recht hat – unter der Voraussetzung, dass er einen Gesetzesbrecher auf frischer Tat ertappt.

Wer also beispielsweise beobachtet, wie ein Mann einer Frau brutal die Handtasche entreißt und sich anschickt, mit seiner Beute zu fliehen, darf den Räuber verfolgen und ihn – notfalls auch mit Gewalt – aufhalten und vorläufig festnehmen. Ja, bis die Polizei eintrifft, um die Personalien des Täters festzustellen und sich weiter um ihn zu kümmern, darf ihn jedermann sogar fesseln und einsperren. Was ein Nicht-Polizist allerdings keinesfalls darf: den Räuber und das, was er bei sich trägt, durchsuchen – etwa, um im Fall eines Ladendiebs die Beute sicherzustellen.

Wer einen auf frischer Tat ertappten Gesetzesbrecher vorläufig festnimmt, braucht daher keine Angst vor einer Anzeige wegen Freiheitsberaubung oder Nötigung zu haben. Die Betonung liegt allerdings tatsächlich auf der »frischen Tat«. Keinesfalls zulässig ist es nämlich, einen Einbrecher, den man bei seinem frevelhaften Tun beobachtet hat und den die Polizei bislang nicht dingfest machen konnte, bei einem späteren zufälligen Zusammentreffen kurzerhand festzunehmen und den Ordnungsbehörden zu übergeben. Und das auch dann nicht, wenn man selbst der Bestohlene ist. Die einzige legale Möglichkeit, die man in einem solchen Fall hat, ist, den Täter nicht aus den Augen zu lassen, ihn heimlich zu verfolgen und so schnell wie möglich die Polizei zu informieren – in einer Zeit, in der fast jeder ein Handy mit sich herumträgt, eine durchaus erfolgversprechende Taktik.

Ein normaler Brief ist genauso sicher wie ein Einschreiben

Eine schriftliche Reklamation über eine vermeintliche Fehlbuchung auf dem Kontoauszug, die Kündigung eines Zeitschriftenabonnements oder ein Schreiben an den Vermieter mit der Beschwerde, dass sich in einer Wohnzimmerecke der Teppichboden löst – viele Menschen versenden derartige Schriftstücke grundsätzlich per Einschreiben. Dabei ist das in der Regel keinesfalls erforderlich und kostet zudem, da man einen solchen Brief ja nicht einfach in den Postkasten werfen kann, nur unnötig Mühe, Zeit und Geld. Und – das ist das Entscheidende: Vollkommen sicher ist das Verfahren, selbst mit Rückschein, auch nicht.

Stellen Sie sich beispielsweise vor, Sie hätten eine Wohnung an eine Person vermietet, die die Räume herunterkommen lässt oder die Miete nicht bezahlt, und möchten ihr des-

halb – mehr als verständlich – eine Kündigung zugehen lassen. Tun Sie dies per Einschreiben und der Betreffende ist
nicht zu Hause oder öffnet dem Briefträger in weiser Vor-
aussicht einfach nicht die Tür, so kann dieser das Schreiben
nicht abliefern und natürlich auch einen eventuellen Rückschein nicht unterschreiben lassen. Das Einschreiben gilt in
diesem Fall schlicht als nicht zugestellt und wird an den Absender zurückgeschickt. Und der hat dann möglicherweise
den Kündigungstermin verpasst.

Doch selbst, wenn der säumige Mieter das Schreiben in
Empfang nimmt, kann der Absender nicht beweisen, dass
der Adressat die Kündigung auch tatsächlich erhalten hat.
Denn die Post bescheinigt ihm lediglich, dass der Brief zu-
gestellt wurde. Das sei doch ein und dasselbe, meinen Sie?
Nun, das ist es keinesfalls, denn der Empfänger kann doch
einfach behaupten, im Umschlag habe sich etwas ganz ande-
res befunden, eine Kündigung habe er nie erhalten. Ihm das
Gegenteil zu beweisen, ist praktisch unmöglich, denn der
Inhalt des Schreibens ist ja nirgends dokumentiert.

Wollen Sie absolut sichergehen, dass Ihr Mieter die Kündigung erhält und zur Kenntnis nehmen muss, bleiben Ihnen
daher nur zwei Möglichkeiten: Die erste besteht darin, eine
andere Person das Schreiben lesen zu lassen, es in deren Bei-
sein in den Umschlag zu stecken und, am besten auch von ihr
begleitet, persönlich abzugeben oder – auch das ist ausreichend – in den Briefkasten des Empfängers zu werfen. Dann
kann diese Person im Streitfall jederzeit bezeugen, dass die
Kündigung tatsächlich beim säumigen Mieter gelandet ist.
Da besagter Streitfall aber, wenn überhaupt, in der Regel erst
Monate später eintritt und der Zeuge bis dahin den Wortlaut
des Schreibens vergessen haben kann, sollte er – am besten
sofort nachdem er das Schriftstück durchgelesen hat – ein

Protokoll über dessen genauen Inhalt erstellen und unter-
zeichnen. Damit ist der Sicherheit Genüge getan.

Die zweite Möglichkeit sicherzugehen, ist die Zustellung
der Kündigung durch einen Gerichtsvollzieher. Das verursacht zwar deutlich höhere Kosten, macht aber auf den
schlampigen Mieter mit Sicherheit mehr Eindruck. Und behaupten, er habe keine Kündigung erhalten, kann er dann
jedenfalls nicht.

Abgelaufene Gutscheine gelten weiter

Gutscheine – fürs Kino, für einen Restaurantbesuch oder für
den Einkauf in einem bestimmten Laden – sind beliebte Ge-
schenke, wirken sie doch nicht so einfallslos und profan wie
Bargeld und entheben den Schenkenden von der oft lästigen
Pflicht, sich ein ganz spezielles Präsent einfallen zu lassen.
Immerhin zeigt er damit, dass er sich über die Vorlieben des
Beschenkten Gedanken gemacht hat, ohne riskieren zu müssen, dessen Geschmack gänzlich zu verfehlen oder ihm etwas zu überreichen, was er bereits besitzt.

Üblicherweise ist auf derartigen Gutscheinen eine Gültig-
keitsdauer von einem Jahr vermerkt, doch die ist ohne Belang. Denn laut Gesetz endet der Anspruch auf Einlösung
erst nach drei Jahren, und das auch nicht vom Tag des Er-
werbs an gerechnet, sondern ab dem Ende des Jahres, in dem
der Gutschein ausgestellt wurde. Zwar ist es durchaus möglich, eine kürzere Gültigkeitsfrist festzusetzen, das darf aber
niemals einseitig durch den Aussteller, sondern nur im aus-
drücklichen Einvernehmen mit dem Empfänger geschehen.
Doch ein solcher Fall kommt in der Praxis kaum vor, trägt
doch das Kino, das Lokal oder der Laden in der Regel vollkommen eigenmächtig ein Ablaufdatum ein, ohne denjeni-

gen, der dafür bezahlt, mit einem einzigen Wort zu fragen, ob er damit einverstanden ist.

Dennoch kann derjenige, der einen Gutschein nach Ablauf des darauf vermerkten Termins einlösen will, nicht unbedingt auf die gesetzlich vorgesehenen drei Jahre Gültigkeitszeit pochen. Denn nach Ansicht diverser Gerichte darf der Aussteller davon ausgehen, dass ein Kunde, der auf einer derart langen Frist besteht, dies beim Erwerb des Gutscheins ausdrücklich erwähnt. Tut er das nicht, ist er gleichwohl nicht an eine Einlösung innerhalb eines Jahres gebunden. So hat beispielsweise das Oberlandesgericht Hamburg im Fall eines Kinogutscheins entschieden, eine Befristung auf weniger als zwei Jahre sei prinzipiell zu kurz bemessen.

Falls Sie also noch irgendwo einen Gutschein herumliegen haben, dessen Gültigkeit laut darauf vermerktem Datum oder angegebener Frist schon eine Weile abgelaufen ist, der jedoch andererseits vor weniger als zwei Jahren ausgestellt wurde, haben Sie gute Chancen, ihn doch noch einlösen zu können. Und das ganz besonders dann, wenn Sie – was ja nunmehr der Fall ist – über die gesetzlichen Grundlagen bestens Bescheid wissen.

Schiffe und Boote –
Mehr als nur Wasserfahrzeuge

Schiffe können fliegen

Anfang der Achtzigerjahre des letzten Jahrhunderts sichteten amerikanische Spionageflugzeuge über dem Kaspischen Meer ein ebenso unbekanntes wie atemberaubendes Flugobjekt. In einer Tiefe, in der es von keinem Radarstrahl erfasst werden konnte, raste es mit unglaublicher Geschwindigkeit über das Wasser. Die Amerikaner konnten kaum glauben, was sie da sahen und sprachen ehrfürchtig vom »Fliegenden Monster«. Die Bezeichnung schien gerechtfertigt, denn bei dem rätselhaften Objekt handelte es sich ganz offensichtlich um ein Gefährt, das auf den ersten Blick aussah wie ein Flugzeug, aber zweifellos auch Schiffseigenschaften aufwies.

Tatsächlich sprechen Ingenieure bei einem derartigen Zwitter von einem »Flügelboot«. Das ist kein eigentliches Schiff, da es das Wasser während der Fahrt überhaupt nicht berührt, es ist aber auch kein übliches Flugzeug, denn dazu ist es viel zu tief unterwegs.

Es macht sich beim Dahinjagen knapp über der Wasseroberfläche den sogenannten »Bodeneffekt« zunutze. Dieser beruht auf der Tatsache, dass sich zwischen Maschine und Boden – in diesem Fall dem Wasser – eine Art Luftrolle bildet, die dadurch zustande kommt, dass sich das Gefährt schneller vorwärts bewegt, als die Luft unter ihm entweichen kann. Dadurch baut sich an seiner Unterseite ein Luftkissen auf, das mächtig genug ist, um das fliegende Schiff zu tragen. Das Prinzip ist der Natur abgeschaut, denn auch große Wasservögel wie Pelikane und Albatrosse nutzen, indem sie beim Dahingleiten mit weit ausgestreckten Flügeln fast das Wasser berühren, bewusst diesen Effekt aus, um Kraft zu sparen.

Inzwischen arbeiten Ingenieure weltweit an der Entwicklung derartiger fliegender Schiffe, mit denen man hofft, in absehbarer Zeit Menschen mit bis zu 180 Stundenkilometern und damit ungleich schneller als jede bislang existierende Fähre über mehr oder minder lange Wasserstrecken befördern zu können. Ein Prototyp ist etwa das Stauflügelboot »Hoverwing 80«, das in naher Zukunft mit 80 Passagieren an Bord über Nord- und Ostsee flitzen und dabei nur halb so viel Treibstoff wie ein herkömmliches Flugzeug schlucken soll. Wenn es erst einmal im Einsatz ist, ist es einer gewöhnlichen Fähre allein schon dadurch überlegen, dass es zum Aufnehmen und Aussteigenlassen von Passagieren nicht auf spezielle Örtlichkeiten angewiesen ist, sondern jeden vorhandenen Anlegeplatz nutzen kann. Außerdem gleitet es viel ruhiger über die Wellen als jedes Schiff – Seekrankheit dürfte damit kein Thema mehr sein.

Ein anderes Flugboot, das sich derzeit in der Erprobung befindet, ist der von dem Rostocker Unternehmen MTE gebaute »Seafalcon«. Die Firma hat bereits mit einem indonesischen Partner vereinbart, das Zwitterfahrzeug in Lizenz zu bauen. Dass gerade in dem südostasiatischen Land ein besonders großes Interesse an dem Projekt besteht, ist kein Zufall. Immerhin besteht Indonesien aus Tausenden kleiner

Inseln, zwischen denen der Seafalcon fünfmal schneller als ein übliches Schiff verkehren soll. Da das futuristisch anmutende Gefährt zudem als Wasserfahrzeug klassifiziert ist, braucht derjenige, der es steuert, keinen Piloten-, sondern nur einen Bootsführerschein, und für den Motor ist keine höchst aufwendige und teure Flugzeugzulassung nötig. Es scheint also nur noch eine Frage der Zeit zu sein, bis auf vielen Gewässern, auf denen bisher langsame und schwerfällige Fähren verkehren, die schnellen und wendigen fliegenden Schiffe Inseln und Länder miteinander verbinden.

Ein Modellschiff lässt sich mit Zahnpasta antreiben

Wassermoleküle haben eine bemerkenswerte Eigenschaft, die sich in vielerlei Hinsicht auswirkt: Sie hängen über sogenannte »Wasserstoffbrücken« – elektrische Anziehungskräfte, die auf der unterschiedlichen Ladungsverteilung innerhalb der einzelnen Teilchen beruhen – zusammen (Physiker sprechen von »Kohäsion«). Man erkennt das zum Beispiel an einem Malpinsel, dessen Haare in Wasser deutlich sichtbar auseinanderstreben, aber sofort fest »zusammenkleben«, wenn man den Pinsel aus dem Wasser zieht. Es sind die aneinander haftenden Wassermoleküle, die die Haare zusammendrücken. Noch ein Beispiel: Saugt man mit einem Schlauch, dessen freies Ende nach unten hängt, aus einem Eimer Wasser an, so fließt nicht nur diese geringe Menge heraus, sondern der Eimer leert sich vollständig. Jedes herausströmende Molekül zieht andere mit sich, das gesamte Wasser hängt gleichsam zusammen und fließt daher vollständig in einer einzigen Portion aus dem Eimer. Auch dass man ein Glas mit so viel Wasser füllen kann, dass es oben regelrecht »übersteht« oder dass leichte Insekten – sogenannte »Wasserläufer« – über seine Oberfläche spazieren können, ohne einzusinken, beruht auf der Kohäsion der Wassermoleküle.

Diese kann man zerstören, indem man oberflächenentspannende Substanzen, sogenannte »Tenside«, zugibt, wie sie unter anderem in Spülmitteln oder Seife enthalten sind, um den Schmutz auf dem Geschirr oder der Haut intensiver mit dem reinigenden Wasser in Kontakt zu bringen. Diese Tenside drängen sich rücksichtslos zwischen die Wasserteilchen und machen ihren Zusammenhalt zunichte. Gibt man daher auch nur einen einzigen Tropfen Spülmittel auf eine Wasserfläche, auf der sich Wasserläufer tummeln, so sinken diese auf der Stelle ein und ertrinken jämmerlich.

Tenside kann man auch für einen besonders trickreichen Modellschiff-Antrieb verwenden. Dazu schnitzt man aus einem möglichst leichten Material – ideal sind Balsaholz oder Styropor – einen flachen Bootskörper und schneidet in das eine Ende eine halbwegs runde Vertiefung, die nach außen hin eine schmale Öffnung aufweist. Gibt man nun in diese Einbuchtung etwas Zahnpasta – auch diese enthält reichlich Tenside –, so bewegt sich das Schiff plötzlich auf scheinbar mysteriöse Weise nach vorne.

Worauf beruht dieser Antrieb? Nun, dort, wo die Tenside mit den Wassermolekülen in Berührung kommen, zerstören sie deren Zusammenhalt, und die Flüssigkeitsteilchen streben mit Macht auseinander. Das ist aber aufgrund der nur rückwärtig offenen Einbuchtung ausschließlich nach hinten möglich. Dort treffen die sich ausdehnenden Teilchen auf die noch intakte Wasseroberfläche und stoßen sich gleichsam an ihr ab. Folge: Es entsteht eine Art »Rückstoß«, der das leichte Boot kraftvoll nach vorne schiebt.

Ein auf einem Fluss schwimmendes Boot ist schneller als das Wasser ringsum

Ein Boot, das ohne Motor oder Ruder auf einem Fluss treibt, wird von diesem bewegt, so viel steht fest. Erstaunlich ist nur, dass es dabei schneller vorankommt als das Wasser, in dem es schwimmt. Das gilt umso mehr, je flacher und schmäler der Fluss ist, denn sein Wasser wird beim Kontakt mit Grund und Ufer abgebremst. Der Widerstand, den es beim Fließen überwinden muss, ist deshalb größer als derjenige, den es selbst dem Boot entgegensetzt. Oder kurz gesagt: In ihrer Beweglichkeit behindert werden beide, das Wasser aber stärker als das Boot.

Dessen Tempo hängt übrigens auch noch von seinem Gewicht ab. Aber nicht etwa in dem Sinn, dass es umso flotter vorankommt, je leichter es ist. Nein, im Gegenteil: Es schwimmt schneller, wenn es ein wenig mehr wiegt. Denn ebenso wie Grund und Ufer reibt sich auch die Luft über dem Wasser an diesem und bremst es ab. Daher fließt das Wasser dicht unter der Oberfläche am schnellsten und treibt ein bis in diese Zone einsinkendes Boot mit maximaler Kraft an.

Man kommt in einem Ruderboot auch ohne Rudern oder Paddeln voran

Wenn Sie an einem See – idealerweise bei Windstille – mal wieder Lust bekommen, mit einem Ruder- oder Paddelboot ein paar Runden zu drehen, sammeln Sie vor dem Einsteigen am Ufer ein paar etwa faustgroße Steine und nehmen Sie sie mit an Bord. Denn damit können Sie ein interessantes Experiment durchführen: Legen Sie, sobald Sie ein Stück vom

Ufer entfernt sind und kein anderes Boot in Ihrer Nähe ist, Ruder oder Paddel zur Seite und lassen sich einfach treiben. Sofern Sie sich nicht in einer Strömung befinden, sollte Ihr Boot allmählich zur Ruhe kommen und schließlich regungslos auf dem Wasser dümpeln. Wenn es so weit ist, stehen Sie vorsichtig auf, nehmen die Steine und werfen den ersten so fest Sie können nach hinten. Gleich darauf den zweiten, dritten und vierten. Passen Sie auf, dass Sie dabei nicht ins Wasser fallen, denn wenn Sie sich umblicken, werden Sie eines bemerken: Das Boot bewegt sich nach vorne – langsam zwar, aber unverkennbar. Solange Sie noch Steine haben und mit dem Wegschleudern weitermachen, wird Ihr schwimmender Untersatz sogar immer schneller werden – und das ganz ohne Rudern oder Paddeln.

Um das zu verstehen, muss man das Phänomen der Trägheit bemühen. Es besagt, dass ein Körper in seiner Bewegung verharrt, solange keine äußere Kraft auf ihn einwirkt. Ein einmal in Schwung gebrachtes Auto würde demnach immer weiter rollen, wären da nicht der Luftwiderstand und die Reibung der Reifen auf dem Boden, die seinem Vorwärtsdrang entgegenwirken und es schließlich stoppen. Eine derartige Trägheit weisen auch die Steine auf, die Sie mit ins Boot genommen haben. Da diese sich gewissermaßen nicht wegbewegen wollen, setzen sie der Kraft, die Sie beim Nachhinten-Werfen auf sie ausüben, eine gleich große Kraft in umgekehrter Richtung, also nach vorne, entgegen (wir werden uns mit diesem »Aktion-gleich-Reaktion-Prinzip« noch im Zusammenhang mit einem ins Wasser getauchten Finger beschäftigen; siehe Seite 245). Und diese Kraft treibt das Boot an – je wuchtiger Sie werfen und je mehr Steine Sie zur Verfügung haben, desto schneller.

Wenn Sie einen Ruderbootverleiher einmal ratlos erleben wollen,
… füllen Sie das gemietete Boot mit Steinen und erklären lächelnd, Sie bräuchten keine Ruder.

Segelboote können schneller sein als der Wind

Dass es grundsätzlich möglich ist, mit einem windgetriebenen Fahrzeug hohe Geschwindigkeiten zu erreichen, beweisen eindrucksvoll die Eissegler, die ohne bremsenden Wasserwiderstand nicht selten mehr als dreimal so schnell über einen zugefrorenen See flitzen wie der Wind, der sie antreibt. Und das ist, wenn auch nicht in gleichem Ausmaß, auch mit Segelbooten auf Seen oder Meeren möglich. Doch eines gleich vorweg: Der durchschnittliche Hobbysegler hat mit seinem Fahrzeug keine Chance, beim Durchpflügen der Wellen die Windgeschwindigkeit zu übertreffen. Das geht nur mit Hochleistungsseglern – vornehmlich in Form von Kata- oder Trimaranen. Allerdings erstaunlicherweise keinesfalls, wenn der Wind genau von hinten kommt. Denn obwohl er das Boot dann mit maximaler Wucht anschiebt, kann es natürlich nicht schneller durchs Wasser preschen, als er weht. Ein höheres Tempo kann es nur erreichen, wenn noch eine weitere Kraft für den Vortrieb sorgt. Und die kommt vom geblähten Segel – aber nur, wenn der Wind seitlich darauf trifft. Denn dann wirkt es mit seiner Wölbung ähnlich wie eine Flugzeugtragfläche, die ja durch ihr Profil dafür sorgt, dass der Wind oben herum einen längeren Weg zurücklegen muss als auf der Unterseite. Das erzeugt einen aufwärts gerichteten Sog, der so stark ist, dass er selbst tonnenschwere Flugzeuge mühelos in der Luft hält. Beim Segelboot ist das genauso: Die außen über die Wölbung des Segels strömende Luft ist schneller als diejenige auf der Innenseite, wodurch eine unterdruckbedingte Kraft entsteht, die das Schiff nach vorne zieht. Und diese Kraft kann den Schub des Windes erheblich übertreffen.

Segel treiben ein Boot auch bei Windstille an

Stellen Sie sich vor, Sie treiben mit Ihrem Segelboot gemächlich auf einem träge dahinfließenden Fluss. Schon bald wird die Dämmerung hereinbrechen, und der Anlegesteg, an dem Ihre Fahrt enden soll, ist noch ein gutes Stück entfernt. Da rät Ihnen ein mitfahrender Freund, die Segel zu setzen, doch Sie winken ab: »Was soll das bringen? Es ist doch vollkommen windstill.« Doch Ihr Freund beharrt auf seinem Vorschlag, und schließlich ziehen Sie beide tatsächlich das Segel am Mast empor. Und siehe da: Sofort geht es schneller voran.

Was das Boot zusätzlich zur Strömung antreibt, ist der Fahrtwind, der infolge der Vorwärtsbewegung in dem Fließgewässer auch bei absoluter Windstille weht. Zwar ist er auf einem trägen Fluss kaum besonders kräftig, dennoch reicht er vollkommen aus, um einen messbaren Schub auszulösen. Allerdings kommt er naturgemäß genau von vorne, so dass Sie mit Ihrem Boot nicht direkt dagegen an segeln können, sondern in einem Zickzackkurs »kreuzen« müssen. Das ist aber, wie Sie natürlich wissen, bei der Segelei eine völlig normale Art der Vorwärtsbewegung und bringt das Boot allemal schneller ans Ziel als das bloße Treibenlassen ohne Segelunterstützung.

Schwangerschaft und Geburt –
Nicht nur für Frauen wissenswert

Ein Mädchen kann schon vor seiner ersten Periode schwanger werden

In dem Lebensabschnitt, in dem ein Mädchen in die Pubertät kommt und ihre erste Periode erlebt, ist eine Schwangerschaft in unseren Breiten normalerweise noch kein Thema. Theoretisch kann ein Mädchen jedoch schon vor der ersten Monatsblutung schwanger werden. Denn zu dieser sowie zu allen nachfolgenden Monatsblutungen kann es nur kommen, wenn zuvor ein Eisprung stattgefunden hat. Und ab diesem Ereignis – also auch ab dem Eisprung etwa zwei Wochen vor der allerersten Regelblutung – kann ein Mädchen schwanger werden.

Wenn man es ganz genau nimmt, ist es sogar möglich, dass Sex einige Tage vor diesem Eisprung zur Schwangerschaft führt, denn die männlichen Spermien bleiben im Eileiter der Frau bis zu vier Tage am Leben und warten dann zum Zeitpunkt des Eisprungs schon auf die befruchtungsfähige Eizelle. Da das betroffene Mädchen ja noch keine Menstruation hatte, bleibt die Schwangerschaft in einem solchen Fall oft lange unbemerkt.

Eine Frau mit Monatsblutung kann und eine ohne Monatsblutung muss nicht schwanger sein

Zwar trifft es zu, dass eine Frau während einer Schwangerschaft keine Regelblutung hat, doch nicht jeder Austritt von Blut aus der Scheide ist durch die Menstruation bedingt. Es kann nämlich passieren, dass sich bei der Einnistung eines befruchteten Eis in die Gebärmutter ein kleiner Teil von deren Schleimhaut ablöst, der dann mit etwas Blut nach außen abgestoßen wird. Dieses Ereignis findet praktisch genau zum Zeitpunkt der erwarteten Menstruation statt und kann vor allem bei Frauen, deren Regelblutung unter normalen Umständen sehr schwach ist, ohne weiteres wie eine solche aussehen. Die betreffende Frau geht dann davon aus, nicht schwanger zu sein, unterliegt damit jedoch einem fatalen Missverständnis.

Ein solches kann umgekehrt auch vorliegen, wenn eine Frau, bei der die gewohnte Menstruation ausbleibt, deswegen annimmt, sie sei in anderen Umständen. Denn auch das ist durchaus nicht sicher. Bei den sogenannten Schwangerschaftszeichen unterscheiden Mediziner nämlich zwischen sicheren und unsicheren. Sicher sind zum einen der Nachweis der kindlichen Herztöne beziehungsweise die Feststellung, dass das Herz eines Babys schlägt, zum anderen die eindeutige Wahrnehmung von Kindsbewegungen sowie der röntgenologische Nachweis kindlicher Skelettteile in der Gebärmutter. Bedingt sicher ist auch ein positives Ergebnis bestimmter Schwangerschaftstests. Als unsichere Zeichen gelten dagegen die Vergrößerung der Gebärmutter oder der Brust, häufiges Wasserlassen, morgendliche Übelkeit, die Zunahme des Leibesumfangs und eben auch das Ausbleiben der Menstruationsblutung.

Dieses kann im Einzelfall nämlich auch durch anatomische Unregelmäßigkeiten und vor allem durch hormonelle Veränderungen bedingt sein. Selbst die innere Anspannung, die bisweilen mit dem sehnsüchtigen Warten auf die Blutung verbunden ist, kann über eine Beeinflussung der Hormonausschüttung dazu führen, dass die Menstruation verspätet oder im Extremfall gar nicht eintritt. Allenfalls Frauen, deren Periode über längere Zeit hinweg sehr regelmäßig ist, können beim Ausbleiben der Blutung mit hoher Wahrscheinlichkeit davon ausgehen, dass sich in ihrer Gebärmutter ein befruchteter Keim eingenistet hat.

Eine Schwangere kann schwanger werden

Es stimmt natürlich, dass eine Frau in der Zeit, in der sie ein Kind erwartet, normalerweise nicht noch ein zweites Mal schwanger wird; schließlich sorgen Hormone dafür, dass nach der Befruchtung bis zur Geburt des Babys kein weiterer Eisprung mehr stattfindet. Aber keine Regel ohne Ausnahme: Immerhin ist es bisher 22-mal vorgekommen, dass eine werdende Mutter erneut schwanger geworden ist.

So im Jahr 2001 bei einer Italienerin, bei der es im dritten Schwangerschaftsmonat doch zu einem Eisprung und der anschließenden Befruchtung der reifen Eizelle kam. Allerdings ist ein derart seltenes Ereignis fast immer die Folge einer längeren Hormonbehandlung. Einer solchen hatte sich auch die Italienerin unterzogen – ebenso wie die anderen 21 Frauen, die wie sie doppelt schwanger geworden waren. Die Italienerin übertraf all jene aber noch in einem höchst bemerkenswerten Punkt: In ihrer Gebärmutter wuchsen nämlich nicht nur zwei zu unterschiedlichen Zeitpunkten gezeugte Kinder heran, sondern als Ergebnis der ersten Befruchtung ein einzelnes, als Resultat der zweiten hingegen gleich drei. Bis zur Geburt des ersten Babys trug die Frau also nicht weniger als vier Kinder in ihrem Leib!

Auch Männer können schwanger werden

Ehepaare, bei denen die Frau unfruchtbar ist, bleiben verständlicherweise ebenso kinderlos wie homosexuelle Partner, von denen sich auch gar nicht so wenige dringend ein Kind wünschen. In beiden Fällen wäre es doch nicht schlecht, wenn der Mann diese normalerweise typisch weibliche Rolle übernehmen und schwanger werden könnte. – Und das scheint in der Tat möglich zu sein.

Jedenfalls behauptet das Professor Robert Winston, renommierter englischer Spezialist für künstliche Befruchtungen. Nach der Überzeugung des Wissenschaftlers müsste einem Mann dazu nur ein im Reagenzglas gezeugter Embryo in die Bauchhöhle gepflanzt und über die Plazenta an die Blutgefäße eines seiner Organe, beispielsweise des Darms, angeschlossen werden. Damit wäre die Ernährung des Babys sichergestellt, das nach Ablauf der üblichen neun Monate per Kaiserschnitt zur Welt geholt würde. Ein kleines Problem bestünde allenfalls darin, dass der Mann während seiner Schwangerschaft weibliche Sexualhormone einnehmen müsste, um die Abstoßung des Babys zu verhindern, woraufhin ihm ziemlich sicher Brüste wüchsen. Doch das ließe sich nach der Geburt des Kindes mit männlichen Hormonen rasch wieder rückgängig machen.

Den Anstoß für diese revolutionären Gedankengänge lieferte dem Professor eine Frau in Oxfordshire, die mit einem Baby schwanger war, das in ihrer Bauchhöhle heranwuchs und später vollkommen gesund geboren wurde. (Was allerdings keinesfalls die Norm ist, denn eine Bauchhöhlen-schwangerschaft ist alles andere als ungefährlich.) Als Tim Hedgley, Leiter der britischen Behörde für Fruchtbarkeits-fragen, von Winstons Überlegungen hörte und sich näher mit den dahintersteckenden biologischen Fakten befasste, schloss er sich dem Wissenschaftler an. Mittlerweile geht er sogar so weit, in einer männlichen Schwangerschaft grund-sätzlich kein Problem zu sehen. »Daran ist überhaupt nichts Makabres«, sagt er. »Im Übrigen kann man Männer rechtlich gar nicht daran hindern, ein Kind zur Welt zu bringen. Denn das wäre eindeutig Diskriminierung.«

Doch auch ohne ein Kind im Leib zu haben, werden Män-ner gar nicht so selten zumindest »ein bisschen schwanger«. Während nämlich ihre Partnerin tatsächlich guter Hoffnung ist, zeigen sich auch bei einigen von ihnen etliche der typi-schen Symptome: Sie nehmen bis zu acht Kilo zu, ihr Bauch bläht sich, sie bekommen Heißhunger auf bestimmte Spei-sen, während ihnen bei anderen übel wird, sie müssen sich mehrfach am Tag übergeben und haben nicht selten so-gar heftige Kopf-, Bauch- und Rückenschmerzen. Medizi-ner sprechen in diesem Zusammenhang vom »Couvade-Syn-drom« (vom französischen Wort »couver« für »brüten«). Früher glaubte man, so etwas komme nur bei einigen Natur-völkern vor, bei denen sich die Männer – stellvertretend für die Frauen, die gleich nach der Geburt wieder ihrer Arbeit nachgehen – ins Wochenbett legen; heute weiß man jedoch, dass auch in den modernen Industrieländern etliche Männer derartige Symptome zeigen.

Deren Ursache liegt wie bei den schwangeren Frauen in einem veränderten Hormonspiegel. Kanadische Wissenschaft-lerinnen der Queen's University in Kingston, die sich inten-siv mit dem Couvade-Syndrom beschäftigt haben, fanden heraus, dass bei etlichen Männern, deren Frau ein Baby erwartet, die Konzentration des maskulinen Geschlechtshormons Testosteron bis zur Geburt drastisch abnimmt und auch noch drei Monate danach deutlich reduziert ist. Dafür steigt das auch bei den Herren vorhandene feminine Hormon Östradiol – bei Frauen ist es für die Ausprägung der mütterlichen Gefühle verantwortlich – noch bis weit nach der Geburt deutlich an. Zusätzlich sinkt die Produktion des Stresshormons Cortisol.

All das lässt sich zwar eindeutig nachweisen, dennoch können die Forscherinnen über die Auswirkungen dieser Verschiebungen nur Vermutungen anstellen. Weil bei den Männern jedoch gerade diejenigen Hormone vermehrt produziert werden, die bei Frauen das mütterliche Verhalten bedingen, gehen sie davon aus, dass werdende Väter in Erwartung eines Babys und auch noch nach dessen Geburt ruhiger und fürsorglicher, kurz, tatsächlich »mütterlicher« werden als andere Männer – und somit wirklich »ein bisschen schwanger« sind.

> **Wenn Sie einmal wieder die Redensart hören, ein bisschen schwanger gebe es nicht,**
> … *widersprechen Sie vehement. Sie wissen ja jetzt Bescheid.*

Eine Frau kann mehr als 50 Kinder gebären

Wenn ein Ehepaar drei oder vier Sprösslinge hat, gilt es bei uns schon als kinderreich; und eine Frau, die fünf oder mehr Kinder zur Welt gebracht hat, wird nicht selten abfällig als

»Gebärmaschine« bezeichnet. Dabei sind derartige Nachwuchszahlen noch gar nichts!

Den Rekord im Kinderkriegen hält eine russische Bäuerin, die, wenn man Berichten des Klosters Miskolskaja glauben darf, im 18. Jahrhundert sage und schreibe 69 Söhnen und Töchtern das Leben geschenkt hat. 27-mal war sie schwanger und gebar dabei 16-mal Zwillinge, 7-mal Drillinge und sogar 4-mal Vierlinge! Damit übertraf sie eine rund 200 Jahre später, also im 20. Jahrhundert, lebende Chilenin um Längen, die im Alter von 55 Jahren ihr letztes von 55 Kindern bekam.

Den dritten Platz in der Rangliste belegt eine Deutsche namens Barbara Stratzmann, die von 1448 bis 1503 in Bönnigheim im heutigen Kreis Ludwigsburg zu Hause war. Historischen Dokumenten zufolge bekam sie 18-mal ein einzelnes Kind, 5-mal Zwillinge, 4-mal Drillinge und – man glaubt es kaum – jeweils einmal Sechs- und Siebenlinge. Das macht zusammen die stolze Zahl von 53 Kindern. Wer sich nun fragt, wie man eine solche Schar großzieht und ernährt, muss wissen, dass 19 Babys tot zur Welt kamen und das älteste Kind als Folge ständiger Krankheiten nur ganze acht Jahre alt wurde. Heute vermuten Mediziner, dass die Frau eine doppelte Gebärmutter besessen hat.

Wie lange die Kinder der russischen Bäuerin gelebt haben beziehungsweise wie viele Söhne und Töchter der Chilenin heute noch wohlauf sind, ist leider nicht überliefert.

In Krisenzeiten werden mehr Mädchen geboren

Eine weibliche Eizelle besitzt stets ein X-Geschlechtschromosom, während ein männliches Spermium entweder ebenfalls ein X- oder aber ein Y-Chromosom enthält. Da bei der

Bildung von Spermien aus Vorläuferzellen mit der »männlichen« Chromosomenkombination XY diese je zur Hälfte auf die entstehenden Samenzellen verteilt werden, ist die Wahrscheinlichkeit für beide Möglichkeiten exakt gleich hoch. Somit müssten eigentlich genau gleich viele Jungen wie Mädchen zur Welt kommen, und das trifft normalerweise auch zu. Anders sieht es jedoch in extremen Krisenzeiten, etwa während eines Krieges oder einer Hungersnot, aus: Da werden plötzlich – das haben zahlreiche Untersuchungen übereinstimmend ergeben – deutlich mehr Mädchen geboren. Aus biologischer Sicht ist das durchaus sinnvoll, denn nur Frauen können Kinder bekommen; somit steigt als Folge des evolutionären Programms die Chance, eine erhöhte Todesrate so schnell wie möglich wieder auszugleichen.

Doch worauf beruht dieser verblüffende Effekt? Nun, dafür scheint die Tatsache verantwortlich zu sein, dass Männer keinesfalls das »starke Geschlecht« sind, denn männliche Embryonen sterben in einer frühen Schwangerschaftsphase deutlich häufiger ab als weibliche. In Stresszeiten verstärkt sich dieses Phänomen offenbar noch: Je problematischer die Situation für eine werdende Mutter wird, desto eher geht in ihrem Leib ein männliches als ein weibliches Ungeborenes zugrunde. Möglicherweise ist das auf den Einfluss mütterlicher Stresshormone zurückzuführen, die dafür sorgen, dass in der Gebärmutter einer in ihrer Existenz bedrohten Frau schwache männliche Embryos abgestoßen werden, um für stärkere und vor allem weibliche Platz zu machen. Denkbar aber auch, dass der Stress primär den mütterlichen Organismus so stark in Mitleidenschaft zieht, dass er die schwächsten der ohnehin empfindlicheren Jungen nicht bis zur Geburt durchbringt.

Fakt ist jedenfalls, dass in Notzeiten geborene Jungen

durchschnittlich gesünder sind und länger leben als ihre Geschlechtsgenossen, die in Jahren des Wohlstands zur Welt kommen. So sorgt die Natur dafür, dass die Menschen, die in schwierigen Phasen in besonders großer Zahl sterben, vor allem durch weiblichen oder auffallend kräftigen männlichen Nachwuchs ersetzt werden.

Das Alter von Mutter und Kind verrät, wo der Vater ist

Zugegeben, diese Behauptung ist ein Scherz. Aber einer, mit dem man allenthalben Verwunderung und Erstaunen auslösen kann, wenn man folgende Aufgabe stellt: »Eine Mutter ist 21 Jahre älter als ihr Kind, und in 6 Jahren wird das Kind 5-mal jünger sein als die Mutter. Wo ist der Vater?«

Das könne man nicht ausrechnen, meinen Sie? Nun, hier ist die Lösung, für die man allerdings ein klein wenig Mathematik bemühen muss: Das Alter des Kindes sei x und das der Mutter y. Da die Mutter 21 Jahre älter ist als das Kind, gilt: $y = x + 21$. In 6 Jahren ($x + 6$ bzw. $y + 6$) wird die Mutter genau 5-mal so alt sein wie das Kind; das bedeutet in Form einer Gleichung: $5 (x + 6) = y + 6$. Das lässt sich durch Auflösung der Klammer folgendermaßen umformen: $5 x + 30 = y + 6$. Da $y = x + 21$, kann man auch schreiben: $5 x + 30 = x + 21 + 6$. Und daraus ergibt sich wiederum: $5 x - x = 21 + 6 - 30$, oder zusammengefasst: $4 x = -3$. Also ist $x = -\frac{3}{4}$.

Das Kind ist demzufolge heute minus $\frac{3}{4}$ Jahre oder minus 9 Monate alt, es ist also gerade im Entstehen. Und damit ist auch die Frage nach dem Aufenthaltsort des Vaters geklärt: Er befindet sich aller Wahrscheinlichkeit nach sehr »nah« bei der Mutter.

Wenn Ihre halbwüchsigen Kinder Sie mal wieder mit der Frage nerven, wozu um alles in der Welt man Mathematik braucht,

… wissen Sie ja jetzt, wie Sie sie überzeugen können.

Sexualität –
Intimes in neuem Licht

Es gibt Tiere, bei denen der Geschlechtsakt mehrere Wochen dauert

Wenn Männer untereinander mit ihrer sexuellen Leistungsfähigkeit prahlen – was sie übrigens laut Umfragen weitaus seltener tun, als gemeinhin angenommen wird –, geht es in der Regel vor allem um die Häufigkeit ihrer geschlechtlichen Aktivitäten und natürlich um die Ausdauer. Dabei sind selbst die potentesten menschlichen Liebhaber allenfalls jämmerliche Stümper, wenn man sie mit ihren tierischen Kollegen vergleicht, wobei es durchaus nicht die besonders großen Tiere sind, die mit ihrer sexuellen Kraft imponieren. Zwar kopulieren Bären fast eine ganze Stunde und Nashörner sogar noch dreißig Minuten länger, dafür sind Elefanten nach nur knapp zwei Minuten und die kraftstrotzenden Gorillas sogar noch früher mit der Vereinigung fertig. Dagegen dauert der Geschlechtsakt bei Kröten bis zu zehn, bei den winzigen Beutelmäusen bis zu zwölf und bei den Präriewühlmäusen – Nomen est Omen! – sage und schreibe bis zu 40 Stunden!

Den absoluten Weltrekord als Liebhaber aber halten die in Südostasien und Australien beheimateten Stabheuschrecken. Bei denen fassen die liebeshungrigen Männchen die Weibchen einfach von hinten um den Körper und lassen sie dann bis zu zehn Wochen lang nicht mehr los. In dieser Zeit kopulieren die beiden immer und immer wieder. Der Grund für diese unglaubliche maskuline Zudringlichkeit und Ausdauer ist vermutlich weder glühende Liebe noch zügellose Leidenschaft, sondern vielmehr krankhafte Eifersucht. Denn solange das Männchen die Geschlechtsöffnung seiner Partnerin blockiert, kann sich kein Nebenbuhler an ihr vergreifen und sie vielleicht schwängern. Insofern fungieren die Stabheuschreckenherren gleichzeitig als Liebhaber und Keuschheitsgürtel.

Auch Frauen können impotent sein

Impotenz im Sinne einer hartnäckigen Erektionsschwäche ist laut weit verbreiteter Auffassung ein typisch männliches Problem. Schließlich – so wird argumentiert – könne eine Frau im Gegensatz zum Mann jederzeit Sex haben, da bei ihr hierzu ja nicht zwingend vorausgehende körperliche Veränderungen erforderlich seien. Doch das stimmt nur bedingt, denn auch bei Frauen gibt es eine Form von Impotenz.

Legt man nämlich zugrunde, dass die Impotenz des Mannes auf der fehlenden Erektionsfähigkeit seines Penis beruht, muss man feststellen, dass eine Frau durchaus ein vergleichbares Problem haben kann. Und zwar im Hinblick auf die Klitoris, die ebenfalls Schwellkörper besitzt, die sich unter Umständen unzureichend mit Blut füllen. Dann zeigt das hochempfindliche Organ keinerlei Tendenz, fest zu werden und sich aufzurichten. Das macht einen Geschlechtsverkehr zwar nicht grundsätzlich unmöglich, beeinträchtigt aber ganz erheblich das sexuelle Erleben und führt nicht selten dazu, dass die Frau keinen Orgasmus erreicht. Eine derartige

Störung ist für sie daher auf Dauer sicherlich genauso unbefriedigend wie die mangelnde Erektionsfähigkeit für einen Mann.

Auch Frauen können Kondome benutzen

Im Hinblick auf ein »Kondom« scheint eines klar zu sein: Es ist der Mann, der ein derartiges Verhütungsmittel verwenden muss, um damit zu verhindern, dass seine Partnerin ungewollt schwanger wird oder sich mit einer sexuell übertragbaren Krankheit ansteckt. Doch neben diesem altbekannten Kondom gibt es auch ein Modell für Frauen, das »Femidom«. Es besteht aus einem Polyurethan-Beutel, den die Frau in ihre Scheide einführen muss. An der offenen Seite besitzt er einen großen, elastischen Ring, der außen auf dem Scheideneingang liegt, und am geschlossenen Ende einen zweiten, kleineren, der sich im Körperinneren wie eine Kappe über den Muttermund legt. Im Gegensatz zum herkömmlichen Präservativ umhüllt er also nicht das männliche Begattungsorgan, sondern kleidet das weibliche innen aus.

Allerdings ist fraglich, ob es sich bei dem Kondom für Frauen um eine nützliche Erfindung handelt. Denn die Sicherheit in puncto Empfängnisverhütung liegt erheblich unter der üblicher Präservative, dazu ist es weitaus teurer und komplizierter in der Anwendung, und schließlich verursacht es beim Sex lästige Geräusche, die zusammen mit dem Fremdkörpergefühl durchaus das sexuelle Empfinden einer Frau herabsetzen können.

Sinnesorgane –
Wie sie uns hinters Licht führen

Rote Autos sind lauter als andersfarbige

Um verstehen zu können, worum es im Folgenden geht, muss man sich über eines im Klaren sein: Wir sehen nicht mit den Augen, riechen nicht mit der Nase und schmecken nicht mit der Zunge. Vielmehr sind unsere Sinnesorgane im Grunde nur Reizaufnehmer und -verarbeiter; die eigentliche Empfindung des Wahrgenommenen erfolgt im Gehirn. Das wird offensichtlich, wenn man beispielsweise die Auswirkungen von Schlaganfällen betrachtet: Wird dabei etwa das Sehzentrum im Gehirn zerstört, so sieht der Betroffene absolut nichts mehr, obwohl seine Augen vollkommen unversehrt sind und die Netzhaut nach wie vor das einfallende Licht auffängt und in elektrische Impulse umwandelt. Andererseits nehmen wir auch mit vollkommen intaktem Sehapparat Dinge wahr, die gar nicht vorhanden oder zumindest real völlig anders sind, als sie uns erscheinen: Die vielen optischen Täuschungen, denen wir quasi zwangsläufig erliegen, beweisen das eindrucksvoll. So können wir beispielsweise gar nicht anders, als perspektivische Darstellungen räumlich zu sehen, und das sogar dann, wenn wir genau wissen, dass es sich im Grunde um zweidimensionale Darstellungen handelt. Oder wir beurteilen die Länge zweier exakt identischer Linien unterschiedlich, je nachdem, ob diese in einem nach außen oder innen offenen Winkel enden.

Daneben hängt die Wahrnehmung stark von weiteren Sinneseindrücken und dazu noch von Gewohnheitseffekten ab. Wer zum Beispiel das Raubtierhaus eines Zoos betritt und vor den Tieren vielleicht Angst und Abscheu empfindet, wird den dort herrschenden beißenden Geruch als weitaus unangenehmer beurteilen als derjenige, der Raubtiere faszinierend findet und sich zudem schon länger in dem Gebäude aufhält. Dabei ist die objektive Geruchsbelästigung doch für beide Zoobesucher exakt dieselbe. Und so ist es auch mit dem Hören: Die eigentliche Wahrnehmung geschieht im Gehirn. Deshalb kommen einem Popmusikfan die dröhnenden Bassrhythmen einer Heavy-Metal-Band wesentlich weniger laut und störend vor als jemandem, dem diese Art von Musik von vornherein ein Gräuel ist.

Womit wir nun zum eigentlichen Thema kommen: Wissenschaftler der Technischen Universität München haben umfangreiche Experimente zu der Frage durchgeführt, ob Menschen Geräusche vorbeifahrender Züge und Autos immer gleich laut wahrnehmen oder ob das auch von optischen Eindrücken abhängt. Dazu spielten sie den Probanden über Kopfhörer das Geräusch eines vorbeidonnernden Güterzuges vor und zeigten ihnen gleichzeitig auf einer Großleinwand unterschiedliche Bilder. Sahen die Versuchspersonen beispielsweise eine Fabrik, in der schwitzende Arbeiter an riesigen metallenen Maschinen hantierten, empfanden sie den Güterzug erheblich lauter, als wenn sie dabei einen vereisten Baum inmitten einer weiten Schneelandschaft betrachteten. Offenbar verknüpfen wir unbewusst ein Geräusch mit dem, was wir dabei erfahrungsgemäß erwarten. Und da wir wissen, dass Schnee Geräusche schluckt, kommt uns gleichzeitig gehörter Lärm deutlich leiser vor, als wenn wir dabei das Treiben in einer Fabrik beobachten, das wir unbewusst mit dem Attribut »lärmend« verknüpfen.

Doch jetzt kommt das eigentlich Erstaunliche: Zeigten die Forscher den Probanden Bilder vorbeifahrender Züge, die in unterschiedlichen Farben gestrichen waren, so empfanden diese die rot bemalten deutlich lauter als etwa grüne oder blaue. Und das galt genauso für Autos: Bei objektiv gleicher Geräuschentwicklung kamen den Teilnehmern rot lackierte Autos erheblich lauter vor als andersfarbige. Der Autoindustrie ist dieser Effekt seit langem bekannt. Nicht ohne Grund bieten sie vor allem PS-starke Sportwagen gerne in knalligem Rot an, einer Farbe, die aggressiv wirkt und von den Käufern tatsächlich mit Vorliebe geordert wird.

Nun könnte man einwenden, rote Autos würden allenfalls lauter *empfunden,* produzierten aber doch in Wirklichkeit genau dasselbe Geräusch wie andersfarbige derselben Art. Doch das stimmt aus den anfangs genannten Gründen eben nicht. Da unser Gehirn alle eingehenden Sinneseindrücke miteinander verrechnet und sämtliche Seh-, Riech-, Schmeck-, Tast- und eben auch Hörempfindungen aus einer Fülle unterschiedlicher Signale zusammensetzt, wirken rote Autos auf uns nicht nur lauter, sondern sie sind es tatsächlich!

Wenn Sie auf einer Party für Aufsehen sorgen wollen,
… behaupten Sie doch einmal, die rot gekleideten Frauen seien wieder einmal die lautesten und Sie könnten auch erklären, warum.

Wir sehen Dinge, die es gar nicht gibt

Der der Erde nächstgelegene Stern außerhalb unseres Sonnensystems heißt »Alpha Centauri«. Doch auch wenn er weniger weit von uns entfernt ist als jeder andere Fixstern, beträgt seine Distanz zur Erde noch immer 4,3 Lichtjahre, oder anders ausgedrückt: Sein Licht erreicht uns erst, nachdem es mehr als 50 Monate unterwegs war. Wäre er irgendwann im Lauf der letzten vier Jahre vom Himmel verschwunden, könnten wir das gar nicht feststellen, da wir ihn noch immer Nacht für Nacht über uns sähen.

Nun sind die meisten Sterne aber erheblich weiter von der Erde entfernt als Alpha Centauri, viele sogar Millionen und Abermillionen von Lichtjahren weit. Wir sehen sie also keinesfalls in ihrem heutigen Zustand (sofern sie überhaupt noch existieren), sondern so, wie sie vor Millionen von Jahren ausgesehen haben. Daraus folgt nicht nur, dass die Astronomen mit ihren Teleskopen bei jeder Himmelsbeobachtung in eine weit zurückliegende Vergangenheit blicken, sondern auch, dass sie sich Nacht für Nacht mit der Erforschung von Sternen beschäftigen, von denen es etliche schon zu Zeiten, als die ersten Menschen die Erde bevölkerten, längst nicht mehr gab.

Wenn Sie eine Wette gewinnen wollen,
… wetten Sie mit einem Lehrer, man könne heute Dinge in dem Zustand sehen, in dem sie zur Zeit der Dinosaurier waren.

Wir können nur sechs Geschmäcker unterscheiden

Die Fähigkeit, verschiedene Geschmacksempfindungen, vor allem im Hinblick auf geringfügige Nuancen, zu unterscheiden, ist von Mensch zu Mensch unterschiedlich ausgeprägt. Zum Teil sind dafür differierende genetische Voraussetzungen verantwortlich, viel macht aber auch ständige Übung aus. Wie viele Geschmäcker ein Mensch letztlich auseinanderhalten kann, lässt sich naturgemäß nicht exakt feststellen, man kann aber getrost von mehr als 10.000 ausgehen. Da erstaunt es schon sehr, dass wir seriösen wissenschaftlichen Erkenntnissen zufolge nicht mehr als sechs Geschmacksrichtungen unterscheiden können. Oder anders ausgedrückt: Wir besitzen nur sechs Arten von Geschmacksrezeptoren, die zum größten Teil auf unserer Zunge und dort wieder säuberlich nach Gruppen getrennt angeordnet sind. Diese sechs Grundqualitäten, aus denen sich sämtliche komplexen Geschmacksempfindungen zusammensetzen, sind: süß, sauer, salzig, bitter, fettig und »umami«. Umami ist Japanisch und bedeutet so viel wie »köstlich«. Es ist das Aroma von Glutamat, das als Geschmacksverstärker vor allem Sojaprodukten ihre typische Note verleiht.

Dass wir Menschen diese sechs reinen Geschmacksrichtungen unterscheiden können, resultiert aus der seit Urzeiten verlaufenden Evolution. Für unsere Urahnen war es unverzichtbar, so viele Nahrungsmittel wie möglich zu sich zu nehmen, die fettig, süß oder salzig schmeckten. Natürlich probierten sie auch anderes, aber bei allem Sauerschmeckendem riskierten sie, sich den Magen zu verderben, und bei dem Verzehr von Bitterem liefen sie Gefahr, sich zu vergiften. So entwickelten sich im Laufe der Zeit aufgrund bloßer Überlebensstrategie diese sechs Geschmacksvorlieben.

Was den Umami-Geschmack betrifft, so steht er wohl für proteinreiche Kost, auf die die Steinzeit-Menschen ebenfalls angewiesen waren: Ein Großteil der absolut unentbehrlichen Moleküle im menschlichen Organismus – beispielsweise Enzyme, Hormone und Antikörper – sind komplexe Proteine, die der Körper nur aus den mit der Nahrung zugeführten Bausteinen, den Aminosäuren, zusammensetzen kann.

Aber warum heißt es im Volksmund: »Die Geschmäcker sind verschieden?« Im Grunde gilt das nicht für alle Aromen. Beispielsweise weigern sich in sämtlichen Kulturen der Welt bereits Babys, Bitteres oder Scharfes zu essen, obwohl sie das nicht von ihren Eltern gelernt haben können. Und das ist durchaus sinnvoll, da tatsächlich die meisten unbekömmlichen oder gar giftigen pflanzlichen und tierischen Produkte bitter oder scharf schmecken. Für unsere Vorfahren war es stets eine Warnung, wenn etwas bitter schmeckte; und diese Warnung ist – wenn auch mittlerweile abgeschwächt –, bei den meisten von uns noch wirksam. Bitter setzen wir unbewusst mit gefährlich gleich und vermeiden es vorsichtshalber.

Das Geschmacksempfinden ist also in erheblichem Maße von bestimmten Lernprozessen abhängig. Denn im Gegensatz zu dröhnendem Lärm, zu üblen Gerüchen und ganz besonders zu quälenden Schmerzen, an die wir uns nur sehr bedingt gewöhnen können, sieht das bei unseren geschmacklichen Eigenheiten ganz anders aus. Von Geburt an ist uns lediglich eine Vorliebe für Süßes zu eigen, die im Alter von vier Monaten durch eine Neigung zu Salzigem ergänzt wird. Doch erst mit etwa drei Jahren können wir bekannte und unbekannte Speisen unterscheiden; erst von diesem Zeitpunkt an wird der Einfluss umweltbedingter Lernprozesse immer bedeutsamer.

Manche Menschen hören Farben

Exakte Zahlen gibt es nicht, doch man kann davon ausgehen, dass unter rund 600 Menschen einer ist, bei dem ein Sinnesreiz, etwa die Wahrnehmung einer Farbe, noch eine weitere Empfindung, zum Beispiel das Hören eines Tones, auslöst. Die psychologisch-neurologische Besonderheit, die das ermöglicht, heißt »Synästhesie«, was so viel bedeutet wie »Empfindungsverschmelzung«. Einige Synästhetiker – aus medizinischer Sicht gelten sie als außergewöhnlich, jedoch nicht als krank – sehen Buchstaben bunt, und zwar in dem Sinn, dass zu jedem Zeichen eine ganz bestimmte Farbe gehört, das A etwa immer hellblau und das G gelb erscheint. Andere assoziieren mit einem Ton einen speziellen Geschmack, wieder andere riechen bestimmte Formen, und bei einer kleinen Gruppe treten sogar mehrere derartige Sinneskombinationen gleichzeitig auf. Zu etwa drei Viertel sind Frauen betroffen, und unter diesen sind merkwürdigerweise Linkshänderinnen deutlich in der Mehrheit.

Synästhesie hat nichts mit Einbildung zu tun, das haben Neurologen in umfangreichen wissenschaftlichen Untersuchungen einwandfrei bewiesen. Vielmehr haben ihre Studien ergeben, dass etwa im Gehirn derer, die »farbig hören«, neben dem Hör- stets auch das Sehzentrum aktiv ist. Forscher betrachten denn auch die Verknüpfung verschiedener Sinnesbereiche über das sogenannte limbische System, das im Gehirn für das Entstehen von Gefühlen verantwortlich ist, als mögliche Ursache des erstaunlichen Phänomens.

Fest steht zudem, dass die Synästhesie für die Betroffenen keinesfalls nur negative Effekte hat, denn vielen von ihnen ermöglicht ihre besondere Begabung, sich an Erlebtes, Gelesenes oder Gehörtes erheblich intensiver oder länger zu erinnern, als dies »normalen« Menschen möglich ist. Man kennt den Effekt von Gesellschaftsspielen, bei denen man sich etwa möglichst lange Folgen nacheinander erscheinender Farben merken soll: Ist das Aufleuchten einer neuen Farbe jedes Mal mit einem bestimmten Ton verknüpft, gelingt das wesentlich besser als ohne akustische Begleitung.

Berühmte Synästhetiker waren der Musiker Jimi Hendrix, der Melodien nicht mit den üblichen Noten, sondern mit Hilfe von Farben notierte; der Maler Wassily Kandinsky, der die Farben seiner Bilder nicht nur sah, sondern auch hörte; und der Komponist Alexander Skrjabin, der sich ein Klavier mit bunten Tasten bauen ließ, wobei jedem Ton genau die Farbe zugeordnet war, die er bei ihrem Klang sah.

Manches hört man mit zugehaltenen Ohren am lautesten

Wenn wir leise Töne besser hören wollen, legen wir unwillkürlich unsere nach innen gewölbten Handflächen hinter die Ohrmuscheln, um diese zu vergrößern und so mehr Schallwellen aufzufangen. Das funktioniert einwandfrei. Doch ein Geräusch gibt es, bei dem diese Taktik vollkommen falsch ist, weil wir es deutlich lauter wahrnehmen, wenn wir uns die Ohren zuhalten. Gemeint ist unsere eigene Stimme. Deren Schallwellen erreichen unser Innenohr nämlich nur zu einem sehr geringen Teil über die äußeren Ohrmuscheln, der weitaus größere Teil nimmt den Weg über die Schädelknochen, die dabei in Schwingung geraten. Mediziner sprechen in diesem Zusammenhang von »Knochenleitung«.

Auf diese Weise gelangen die Druckschwankungen direkt ins Innenohr, wo sie die bewusste Hörwahrnehmung hervorrufen. Ein Teil wird dabei vom Knochen auf die Luft des Gehörgangs übertragen und von dort nach außen abgestrahlt.

Halten wir nun eines der Ohren oder beide zu, so verhindern wir diese Abstrahlung, mit der Folge, dass die Schallwellen des Gehörgangs dann über Trommelfell und Mittelohr ungehindert das Innenohr erreichen und damit die wahrgenommene Intensität steigern. Ergebnis: Wir hören unsere eigene Stimme wesentlich lauter.

Und: Da die Knochenleitung hohe Töne weitaus weniger verfälscht als tiefe, nehmen wir unsere eigene Stimme um etliches höher wahr als sie tatsächlich ist. Vor allem Männer, die in einer sehr tiefen Lage sprechen, haben daher oft Probleme, sich selbst auf einer Tonbandaufnahme wiederzuerkennen.

Nicht vorhandenen Mundgeruch kann man riechen

Sich mit jemandem zu unterhalten, der heftig aus dem Mund riecht, ist wirklich alles andere als angenehm. Und oft kann man sich kaum vorstellen, dass der Gesprächspartner seine üblen Ausdünstungen selbst nicht mitbekommt. Da das jedoch allgemein bekannt ist und man auch weiß, dass Tricks, wie in die hohle Hand zu atmen und daran zu schnuppern, nichts bringen, gibt es gar nicht wenige Mitmenschen, die in der ständigen Furcht leben, andere mit ihrem schlechten Atem zu belästigen. Mediziner nennen dieses Krankheitsbild – denn eine krankhafte Störung ist es in der Tat – »Halitophobie«, was so viel bedeutet wie »extreme Angst vor Mundgeruch«.

So fest sitzt bei den Betroffenen die Furcht, dass sie selbst dann, wenn weder eine geübte Nase noch die Auswertung objektiver Untersuchungsergebnisse irgendwelche Hinweise auf ihr eingebildetes Leiden liefern, fest glauben, beim Sprechen stets eine Wolke übler Dünste auszustoßen. Das geht nicht selten so weit, dass der Halitophobiker den nicht vorhandenen Mundgeruch selbst deutlich riecht und sogar präzise beschreiben kann. In einem Internetforum berichtet ein Betroffener, er finde eigentlich bei jedem Menschen, mit dem er rede, ein deutliches Zeichen, dass er aus dem Mund rieche. Seine Mutter habe ihm zwar schon oft gesagt, dass er sich das nur einbilde, aber er selbst empfinde den Gestank sehr deutlich. Er leide dermaßen unter seinem Problem, dass er deswegen schon zwei Selbstmordversuche unternommen habe.

So unangenehm es auch sein mag: Viel schlimmer als den eigenen Mundgeruch nicht wahrzunehmen, ist zweifellos, ihn zu riechen, obwohl er gar nicht vorhanden ist.

Wenn Sie es wieder einmal mit einem Menschen zu tun haben, der Ihnen hemmungslos seinen üblen Atem ins Gesicht bläst,

… *verblüffen Sie ihn mit der Behauptung, er sei auf jeden Fall kein Halitophobiker.*

Tag und Nacht –
So lang und so bunt

Jeder Tag ist länger als der vorhergehende

Je älter wir werden, desto mehr haben wir das Gefühl, die Zeit vergehe immer schneller. Doch genaugenommen ist das Gegenteil der Fall: Die Tage werden von Jahr zu Jahr ein klein wenig länger. Allerdings ist die Zunahme so gering, dass wir sie in der begrenzten Zeitspanne unseres Lebens nicht wahrnehmen können. Denn nach aktuellen Messungen und Berechnungen nimmt die Dauer eines Tages innerhalb von 100.000 Jahren um nicht einmal zwei Sekunden zu. Das erscheint minimal und ist für einen gewöhnlichen Sterblichen sicher auch ganz und gar ohne Belang, muss jedoch bei der Erforschung der Erdgeschichte unbedingt berücksichtigt werden. Denn vor rund 700 Millionen Jahren (das ist gerade einmal ein bisschen weniger als ein Sechstel des Erdalters), zu einer Zeit, in der sich höhere Lebewesen anschickten, unseren Planeten zu besiedeln, war ein Tag nur etwa 20 Stunden lang. Da aber die Zeit, die die Erde für eine Umrundung der Sonne benötigt, seit Urzeiten dieselbe ist, bedeutet dies, dass ein Jahr viel mehr Tage – vor 700 Millionen Jahren etwa 400 – hatte.

Schuld an dieser Unregelmäßigkeit ist der Mond, der zusammen mit der Fliehkraft, der die Erde bei ihrem Flug um die Sonne ausgesetzt ist, die Gezeiten, also Ebbe und Flut, auslöst. Diese machen sich auf unserem Planeten in Form zweier Flutberge bemerkbar, unter denen sich die Erde gleichsam hindurchdreht und dabei infolge der gegenseitigen Reibung – zwar nur minimal, aber durchaus messbar – abgebremst wird. Deshalb rotiert die Erde ein klein wenig langsamer um ihre Achse, und das hat zur Folge, dass unsere Nachkommen in ferner Zukunft – sofern es uns Menschen dann überhaupt noch gibt – den Kalender verändern müssen, da die Länge der Tage immer mehr zu- und ihre Anzahl pro Jahr immer mehr abnimmt.

Der Nachthimmel ist schillernd bunt

Nachts sind bekanntlich alle Katzen grau, und der Himmel ist mehr oder minder schwarz. Das liegt daran, dass wir mit unseren Augen nur dann Farben wahrnehmen können, wenn es einigermaßen hell ist. Denn zum Farbensehen nutzen wir die Zäpfchen unserer Netzhaut, und die funktionieren nur bei ausreichender Lichtstärke. Bei Dämmerung oder in der Nacht bedienen wir uns dagegen der Stäbchen der Netzhaut, die mit viel weniger Licht auskommen, um ein erkennbares Bild zu erzeugen. Dafür ist dieses relativ unscharf und arm an Details – und zudem nur schwarzweiß. Im sogenannten »gelben Fleck« der Netzhaut, auf den wir ganz automatisch das Licht fallen lassen, wenn wir möglichst viele Einzelheiten erkennen wollen, befinden sich daher ausschließlich hochauflösende Zapfen. Dass die bei Dunkelheit nicht arbeiten, erkennt man, wenn man nachts einen schwach leuchtenden Stern fixiert. Kaum hat man das getan, da ist er auch schon wie von Geisterhand verschwunden, das heißt, man

sieht ihn plötzlich nicht mehr. Blickt man dagegen ein kleines Stück daneben, so trifft das Bild die Netzhaut ein wenig
abseits des gelben Flecks, wo es ausreichend Stäbchen gibt,
und siehe da: Schon ist der Stern wieder sichtbar.

Dass dieser keineswegs inmitten einer völlig schwarzen
Umgebung leuchtet, wird sofort ersichtlich, wenn man ihn
auf einem Bild betrachtet, das ein Astronom mit seinem Te-
leskop geschossen hat. Denn eine solche Aufnahme ist keinesfalls ein Schwarzweißfoto, sondern ein prächtig buntes
Bild mit hinreißenden Farben. Besonders eindrucksvoll
leuchten die mächtigen Gaswolken zwischen den Sternbil-
dern, beispielsweise diejenigen im Orion. Vom energiereichen
Licht benachbarter Sonnen angeregt, strahlt das Wasser-
stoffgas, aus dem sie hauptsächlich bestehen, intensiv rot.
Wer sich davon überzeugen will, braucht in seine Kamera
(nicht digital!) bloß einen lichtempfindlichen Farbfilm einzulegen und sie mit einem leistungsfähigen Objektiv etwa
eine Minute lang auf den Orion-Nebel auszurichten. Der ist
dann auf dem fertigen Bild als roter, infolge der Bewegung
der Gestirne ein wenig verschwommener Fleck zu erkennen.
Da eine Kamera bei entsprechend langer Belichtungszeit viel
mehr Helligkeit einfängt als unser Auge, zeigt sie uns den
nächtlichen Himmel nicht nur in Schwarzweiß, sondern so,
wie er tatsächlich ist: voll mit den herrlichsten Farben.

Temperatur –
Cooles Wissen über heiße Fakten

Man kann schon bei mäßigen Temperaturen erfrieren

Seit Rundfunk und Fernsehen in beinahe allen Programmen Wettervorhersagen ausstrahlen, ist der Begriff »gefühlte Temperatur« in aller Munde. Nahezu jedem ist bewusst, dass das Wohlbefinden im Freien nicht nur von der gemessenen, also tatsächlich vorhandenen Temperatur abhängt, sondern erheblich von anderen Faktoren, vor allem Wind und Luftfeuchtigkeit, beeinflusst wird. Doch die gefühlte Temperatur spielt nicht nur im Hinblick auf das persönliche Wohlbefinden eine wichtige Rolle, sondern kann durchaus gravierende gesundheitliche, ja, sogar lebensgefährliche Auswirkungen haben.

Das gilt insbesondere für alle Arten von »Frostschäden«. Tatsächlich hängt das Risiko, bei eisiger Kälte ernsthaft zu erkranken oder im Extremfall gar zu erfrieren, weniger von der realen, als vielmehr von der gefühlten Temperatur ab. Eine besonders tückische Rolle spielt dabei der Wind. Wenn er nur stark genug weht, bläst er die warme Luft, die unseren Körper schützend umgibt und maßgeblich dafür sorgt, dass wir uns wohlfühlen, einfach weg. Deshalb ist die Erfrierungsgefahr bei 0 °C und einer Windgeschwindigkeit von

70 Stundenkilometern erheblich größer als bei minus 40 °C und Windstille.

Die luftströmungsbedingt gefühlte Temperatur lässt sich sogar sehr genau berechnen, und zwar mit Hilfe des sogenannten »Windchill-Faktors«. Demnach verursacht bei einer gemessenen Temperatur von minus 10 °C schon eine Luftbewegung von 35 Stundenkilometern – das ist gerade einmal Windstärke 5 und damit nicht mehr als eine »frische Brise« – ein Gefühl, als wäre es über 10° kälter. Die Auswirkungen auf den Körper sind also dieselben wie bei eisigen 20 Minusgraden, das heißt, man kann durchaus Erfrierungen davontragen.

Wer daher bei winterlicher Kälte ins Freie geht, sollte sich vor allem Kleidung anziehen, die den Wind abhält; der Schutz gegen die niedrigen Temperaturen ist – vor allem, wenn man sich kräftig bewegt – von eher zweitrangiger Bedeutung. Ja, vielfach friert man sogar in dicker Kleidung stärker als in dünner. Warum das so ist, erklärt der nächste Abschnitt.

In dicker Kleidung friert man stärker

Wer bei winterlicher Kälte mit nichts weiter als einem dünnen Hemd bekleidet ins Freie tritt, beginnt rasch zu zittern – das ist klar. Doch daraus darf man nicht den Umkehrschluss ziehen, Kleidung müsse bei niedrigen Temperaturen nur ausreichend dick sein, dann habe man es immer mollig warm. Denn wenn die Textilien so voluminös sind, dass man darin bei jeder Bewegung schwitzt, werden sie zwangsläufig von innen her feucht, und feuchter Stoff leitet Wärme weit besser als trockener nach außen. Folge: Es wird einem kalt. Hinzu kommt die Verdunstungskälte, die auf der schweißnassen Haut entsteht und auch nicht gerade dazu beiträgt, dass man sich behaglich fühlt. Vor allem, wenn man sich in dicker Kleidung nach einer vorausgegangenen körperlichen Anstrengung auf einmal nicht mehr bewegt, bekommt man rasch eine Gänsehaut und beginnt, heftig zu zittern.

Jäger beispielsweise kennen das Problem. Wenn sie im Winter durch tiefen Neuschnee und vielleicht auch noch bergauf heftig keuchend zu einem Hochsitz stapfen und dabei in ihrer Lodenkluft aus allen Poren dampfen, halten sie es nachher still sitzend nicht lange aus. Es dauert keine halbe Stunde, und das heftige Schwitzen schlägt in nicht minder heftiges Frieren um und macht das Warten auf Wild zur Qual. Weitaus besser beraten ist daher der Waidmann, der sich dazu zwingt, auf dem Weg zum Ansitz bewusst langsam zu gehen, um nur ja nicht ins Schwitzen zu geraten, oder der – noch besser – erst in luftiger Höhe in die dicken, wärmenden Klamotten schlüpft.

Das bedeutet natürlich nicht, dass man sich bei klirrender Kälte möglichst dünn anziehen soll; vielmehr gilt es, bei der Auswahl der Kleidung die geplante Aktivität zu berücksichtigen. Wer zum Beispiel auf einem zugefrorenen See Schlittschuh laufend eine Pirouette nach der anderen drehen möchte, ist mit einer Kleidung bestens bedient, in der er still stehend sofort anfangen würde, heftig zu frieren. Er darf nur nicht vergessen, nach dem Sport sofort ins Warme zu gehen oder in dickeres Outfit zu schlüpfen.

Man kann ein Zimmer mit Farben heizen

Eines gleich vorweg: Es ist natürlich nicht möglich, durch den bloßen Wechsel der Wandfarbe die objektiv messbare Temperatur in einem Raum zu verändern, doch mit der »gefühlten Temperatur« geht das durchaus! Und die ist schließlich die für unser Wohlbefinden entscheidende Größe. Denn solange uns behaglich zumute ist, besteht keinerlei Grund, die Heizung höher zu drehen.

Welch entscheidende Rolle dabei die Farbe der Umgebung spielt, haben Versuche gezeigt, bei denen man Studenten in unterschiedlich angestrichenen Zimmern mit einer Beschäftigung ablenkte, die gar nichts mit dem Zweck des Experiments zu tun hatte. Was die jungen Leute nicht wussten, war, dass die Forscher die Raumtemperatur langsam, aber stetig absenkten und darauf warteten, dass die ersten von ihnen anfangen würden zu frieren. Zum Erstaunen der Wissenschaftler zeigte sich, dass die Probanden in einem blaugrün gestrichenen Raum bei etwa 15 °C, jene in einem orangerot bemalten Zimmer jedoch erst bei 11 °C zu frösteln begannen.

Die richtige Farbe hebt also nicht nur unsere Stimmung, sondern mobilisiert auch eine messbare Menge an Energie – und trägt damit nicht zuletzt zur Senkung der Heizkosten bei.

> **Wenn Sie Ihre Heizkosten dauerhaft senken wollen,**
> … *kaufen Sie statt Öl oder Gas besser orange Wandfarbe.*

Wenn es schneit, steigt die Temperatur

Haben Sie es auch schon einmal bemerkt: Wenn es im Winter zu schneien beginnt, wird die Luft wärmer. Das erstaunt zunächst, lässt sich jedoch leicht erklären. Denn wenn sich flüssige Regentropfen in eisige Schneeflocken verwandeln, wird Wärme frei. Das liegt daran, dass die Moleküle im Wasser locker miteinander verbunden sind und sich relativ frei und ungezwungen bewegen können. Sobald das Wasser aber zu einer der – unter einem Mikroskop wunderschön anzusehenden – Schneeflocken gefriert, die ja nichts weiter sind als Eiskristalle, sind die Wasserteilchen gezwungen, sich in einer starren Struktur anzuordnen, die jegliche Bewegung nahezu unmöglich macht. In diesem Zustand besitzen sie erheblich weniger Energie als vorher, als sie noch munter umherdriften konnten. Und da Energie grundsätzlich nicht einfach verschwinden kann, muss sie irgendwo geblieben sein. Tatsächlich ist sie schlicht und einfach in die Umgebungsluft entwichen, die dadurch deutlich wärmer geworden ist.

Wenn ein Gramm Wasser zu einem Gramm Schnee (das entspricht einem murmelgroßen Minischneeball) gefriert, werden dabei 80 Kalorien frei. Da eine Kalorie diejenige Wärmemenge ist, mit der man die Temperatur eines Gramms Wasser um ein Grad erhöhen kann, würden die 80 Kalorien ausreichen, um das Gramm Wasser, bei dessen Gefrieren sie frei geworden sind, auf 80 °C zu erhitzen. Aber natürlich bleibt die Energie nicht im Wasser, sonst würde es ja nicht gefrieren. Vielmehr macht sie sich dadurch bemerkbar, dass sie die Umgebung erwärmt. Wenn also ein einziges Gramm Wasser zu Schneeflocken wird, gehen als Nebeneffekt automatisch 80 Kalorien an die benachbarte Luft über. Multipliziert man diese Energiemenge mit den vielen Millionen Gramm Wasser, die bei dichtem Schneefall gefrieren, wundert man sich nicht mehr, dass es dabei fühlbar wärmer wird.

Diesen Effekt kann man sich übrigens zunutze machen, um empfindliche Pflanzentriebe vor dem Erfrieren zu schützen. Wenn man sie nämlich bei beginnendem Frost mit Wasser besprüht, verwandelt sich dieses in Eis, und der dabei eintretende Temperaturanstieg wärmt das grüne Gewächs. Sofern die Kälteperiode nicht allzu lange anhält, überlebt die Pflanze den Frost mit Hilfe dieses Tricks gefahrlos. Falsch ist dagegen die bisweilen vertretene Auffassung, das Eis wirke der Kälte gegenüber als isolierende Schutzschicht. Vielmehr ist es tatsächlich die aus dem zu Eis gefrierenden Wasser stammende Energie, die die Pflanze warm hält.

Tiere –
Faszinierende Extremisten

Manche Tiere werden nie erwachsen

Normalerweise wird ein Tier geboren und wächst anschließend heran, bis es schließlich geschlechtsreif und damit erwachsen ist. Denn Geschlechtsreife bedeutet, dass das Tier seinerseits wieder für Nachwuchs sorgen und so Vater oder Mutter werden kann. Zwar zeigt das Beispiel 13-jähriger menschlicher Eltern, dass man nicht unbedingt erwachsen sein muss, um ein Baby zu bekommen, doch das sind erstens seltene Ausnahmen, und zweitens sind die jungen Mütter und Väter immerhin keine kleinen Kinder mehr.

Doch genau das gibt es bei Tieren. Von denen kommen einige nämlich nie über das Jugendalter hinaus, dennoch sorgen sie eifrig für die Erhaltung ihrer Art. Biologen sprechen in diesem Zusammenhang von »Neotenie«. Das bekannteste Beispiel ist der Axolotl, ein nachtaktiver Schwanzlurch, der in einigen mexikanischen Seen lebt und durchschnittlich 25 Zentimeter lang wird. Nachdem er als Larve aus dem Ei geschlüpft ist, wächst er zwar zu einer gewissen Größe heran, macht jedoch nie eine Metamorphose durch, aus der er – wie etwa ein Frosch aus der Kaulquappe – als erwachsenes Individuum hervorginge.

Vielmehr bleibt er bis zu seinem Tod ein Baby und entwickelt daher auch niemals – wie andere Lurche es tun – eine Lunge. Daher ist er Zeit seines Lebens ans Wasser gebunden und kann nicht, wie Frösche, Kröten oder Salamander, an Land leben. Schuld daran ist ein angeborener Schilddrüsenfehler, der das Hormon, das die Metamorphose veranlassen würde, nicht zur Ausschüttung kommen lässt. Das hält den Axolotl jedoch keinesfalls davon ab, Nachwuchs zu zeugen. Wäre dies anders, wäre er ja längst ausgestorben. Da der erstaunliche Lurch also zwar nie erwachsen wird, dabei aber dennoch das beachtliche Alter von durchschnittlich 10 bis 15 Jahren erreicht, hat er eben stets auch Eltern, Groß- und Urgroßeltern, die wie er selbst noch Kinder sind.

Übrigens ist der Axolotl für Biologen noch wegen einer anderen außergewöhnlichen Eigenschaft von höchstem Interesse: Er kann abgerissene Gliedmaßen, zerstörte Organe, ja, sogar Teile seines Gehirns innerhalb weniger Wochen regenerieren, und zwar nicht etwa minderwertig oder gar verkrüppelt, sondern komplett und in jeder Hinsicht funktionstüchtig. Da man auch in diversen Organen von Säugetieren und besonders in denen des Menschen spezielle Zellen (sogenannte »adulte Stammzellen«) entdeckt hat, die möglicherweise zu ähnlichen Leistungen fähig sind, versuchen die Forscher mit Volldampf herauszufinden, was bei derartigen Prozessen im Körper des Axolotls genau passiert. Vielleicht entdecken sie ja eines Tages einen Mechanismus zur Reparatur defekter Gewebe, der sich auch bei uns Menschen relativ einfach aktivieren lässt.

Kühe sind schlimmere Klimakiller als Autos

Autos produzieren bekanntlich Kohlendioxid, ein Gas, das massiv den fatalen Treibhauseffekt verstärkt. Dieser führt dazu, dass es bei uns immer wärmer wird, mit all den bedrohlichen Folgen, die sich daraus ergeben, allen voran dem Abschmelzen der polaren Eiskappen. Doch es gibt einen noch 20- bis 30-mal schlimmeren Klimakiller: Methan. Das ist ebenso wie Kohlendioxid ein farb- und geruchloses Gas, das unter anderem von Kühen produziert wird – und zwar in riesigen Mengen. Denn jede einzelne Kuh frisst pro Tag etwa 50 Kilo Grünfutter, das sie bekanntlich erst einmal verschluckt. In ihrem Magen leben nun – anders als in unserem – eine ganze Menge Bakterien, die in der Lage sind, die für uns unverdauliche Zellulose, den Hauptbestandteil pflanzlicher Zellwände, zu zerlegen. Und bei diesem Abbauprozess entsteht gleichsam als Abfallprodukt das tückische Methangas.

Bliebe das im Inneren der Kuh und würde dort zum Aufbau anderer Substanzen verwendet, wäre das ja nicht weiter schlimm. Doch nachdem die pflanzliche Mahlzeit im Magen des Rindes vorverdaut worden ist, würgt das Tier den Speisebrei noch einmal hoch und macht sich in aller Ruhe daran, ihn wiederzukäuen. Und dabei gelangt das Methan in das Maul und von dort per Rülpser ins Freie.

Das klingt nicht besonders aufregend, doch wenn man bedenkt, dass eine einzige Kuh etwa alle 40 Sekunden einen üppigen Schwall Gas ausstößt und dass sich die Gesamtmenge des dabei an die Umwelt abgegebenen Methans über den Tag gerechnet auf rund 300 Liter summiert, sieht die Sache schon ganz anders aus. Zudem muss man berücksichtigen, dass Methan im Lauf der Zeit zersetzt wird, wobei wiederum Kohlendioxid entsteht. Und das ist, wie erwähnt, alles andere als harmlos.

Was das bedeutet, wird ersichtlich, wenn man die klimatischen Auswirkungen einer Kuh oder besser gesagt ihrer Verdauungstätigkeit einmal mit denen eines Autos vergleicht: Ein moderner Mittelklassewagen verbraucht bei sparsamer Fahrweise etwa fünf Liter Benzin auf 100 Kilometer und stößt dabei rund 13 Kilo Kohlendioxid aus. Bei 15.000 gefahrenen Kilometern pro Jahr bläst er also ungefähr zwei Tonnen klimaschädlicher Gase in die Atmosphäre. Dagegen produziert eine Kuh über den Umweg des Methans im selben Zeitraum rund drei Tonnen Kohlendioxid. Fazit: Das friedlich auf der Wiese grasende Rindvieh ist im Vergleich mit dem lärmenden und Auspuffgase ausstoßenden Auto der weitaus größere Klimakiller.

Doch der Vergleich hinkt, denn weltweit gibt es viel mehr Autos als Kühe. Tatsächlich produzieren die Tiere von den insgesamt in die Atmosphäre geblasenen 500 Millionen Tonnen Kohlendioxid nur rund zwei Prozent, während circa 70 Prozent auf den Menschen beziehungsweise seine technischen Errungenschaften entfallen. Bevor wir also kurzerhand den friedlichen Wiederkäuern die Schuld am Klimawandel in die Schuhe schieben, müssen wir uns schon selbst an die Nase fassen.

Quallen erschießen Menschen

Wer schon einmal in der Nordsee gebadet hat, kennt sie, die Quallen: durchsichtige, glibberige Dinger mit ausladenden Schirmen und fiesen Anhängseln (Tentakeln), bei deren Berührung die Haut wie Feuer brennt. Doch es gibt eine Reihe von Quallenarten, die viel schlimmer, ja zum Teil sogar lebensbedrohlich sind; und von denen genießen wiederum die Würfelquallen einen ganz besonders üblen Ruf. Begegnet man einer von ihnen, so gibt es nur eines: so schnell wie möglich das Weite suchen! Die gefährlichste und giftigste davon heißt »Seewespe«. Sie kommt im Meer rund um Australien vor und ist wohl das am meisten gefürchtete Lebewesen pazifischer Badestrände. Das erstaunt nicht, fallen ihr doch mehr Menschen zum Opfer als Haien, Krokodilen und Schlangen zusammengenommen. Das liegt vor allem daran, dass das etwa fußballgroße Tier nahezu durchsichtig ist und erst im allerletzten Moment erkannt wird – und dann ist es oft schon zu spät.

Denn wenn die Seewespe mit einer ihrer rund 60 bis zu zwei Meter langen Tentakeln ein Opfer berührt, feuert sie, ohne auch nur eine Sekunde zu zögern, Mengen winziger Harpunen ab. Die sitzen in sogenannten Nesselkapseln und werden aus diesen mit einem Druck von bis zu 150 bar herausgeschleudert. Das entspricht der Wucht eines professionellen Dampfstrahlers und verleiht den abgefeuerten Projektilen eine derartige Durchschlagskraft, dass sie mühelos den Panzer eines Krebses und natürlich noch weit leichter die Haut eines Menschen durchschlagen. Mit Hochleistungskameras, die pro Sekunde mehr als eine Million Bilder aufnehmen, haben Wissenschaftler ermittelt, dass der Abschussvorgang weniger als eine Tausendstel Sekunde dauert und damit vermutlich der schnellste Vorgang im gesamten Tierreich überhaupt ist.

Das wäre alles noch gar nicht so schlimm und höchstens sehr schmerzhaft, enthielten die Geschosse nicht ein überaus starkes Gift, das binnen weniger Minuten sämtliche Muskeln des erbarmungswürdigen Opfers lahmlegt – auch diejenigen, die die Atmung in Gang halten. Folge: Das getroffene

Tier oder auch der Mensch bekommt keine Luft mehr und stirbt qualvoll. So brutal wirkt dieses Gift, dass die Menge einer einzigen Seewespe ausreicht, um damit 250 Menschen ins Jenseits zu befördern.

> **Wenn Sie eine Wette gewinnen wollen,**
> *… wetten Sie doch einmal mit einem Naturfreund,*
> *Wespen würden Menschen erschießen.*

Tote Schlangen beißen

Dass es unter den Schlangen giftige und harmlose gibt, weiß jedes Kind. Und dass man denen, die man nicht zuverlässig als ungiftig kennt, besser aus dem Weg geht, auch. Doch dass das selbst für tote Exemplare gilt, ist kaum jemandem bekannt. Denn auch die sind keinesfalls ungefährlich – zumindest nicht, wenn es sich um Klapperschlangen handelt. Tatsächlich sind für rund 15 Prozent aller ärztlich behandelten Klapperschlangenbisse tote Tiere verantwortlich. Lange hatte man das nicht geglaubt und Berichte von erlegten, ja, sogar enthaupteten Schlangen, die danach angeblich noch zugebissen hatten, als Jägerlatein abgetan. Doch dann untersuchten zwei Wissenschaftler aus Phoenix, Arizona, das bizarre Phänomen genauer und überprüften alle Fälle von Klapperschlangenbissen über den Zeitraum eines Jahres. Das waren genau 34, und von deren Opfern behaupteten fünf Männer, zweifelsfrei von einem bereits toten Tier angefallen worden zu sein.

Einer von ihnen hatte die Schlange erschossen, anschließend ihren Körper hinter dem Kopf abgehackt und vorsichtshalber fünf Minuten gewartet, bis auch nicht mehr die geringste Bewegung zu bemerken war. Als er danach den Kopf der Schlange aufnehmen wollte, schnappte dieser plötzlich zu und biss den verdutzten Mann kräftig in die Hand. Ein anderer hatte das Reptil mit einem Holzklotz erschlagen, und es – weil er von dem Risiko gehört hatte – zur Beseitigung vorsichtshalber fest hinter dem Kopf gepackt, wie das auch professionelle Schlangenjäger tun. Als er die Mülltonne bereits geöffnet hatte und das tote, bewegungslose Tier hineinwerfen wollte, machte dieses plötzlich einen mächtigen Ruck, der Kopf rutschte dem Mann aus der Hand und biss ihm kraftvoll in den Finger. Der bekam dabei so viel Gift ab, dass er später amputiert werden musste.

Als die skeptischen Forscher daraufhin mit frisch erlegten Klapperschlangen Versuche anstellten, zeigte sich, dass der Kopf etlicher Tiere noch bis zu einer Stunde nach dem Tod nach allem schnappte, was ihm »vor die Nase kam«. Sie gingen der Sache auf den Grund und ermittelten als Auslöser das sogenannte »Grubenorgan« zwischen Nasenlöchern und Augen, das mit Infrarot-Sensoren ausgestattet ist, die auf Körperwärme reagieren und der lebenden Schlange das Aufspüren von Beutetieren ermöglichen. Offenbar funktionieren die empfindlichen Sensoren noch eine ganze Weile über den Tod des Tieres hinaus und lösen einen Muskelreflex aus, wie man ihn auch von Hennen kennt, die nach dem Abschlagen des Kopfes wie lebendig durch die Gegend springen. Nur dass die nicht beißen.

Krebse pflücken Kokosnüsse

Sie heißen »Palmendiebe«, leben auf Inseln im Pazifik und im Indischen Ozean und sind wahre Monsterkrebse: bis zu 40 Zentimeter lang, drei bis vier Kilo schwer und mit Beinen von bis zu einem Meter Spannweite ausgestattet. Damit klettern sie mühelos auf Palmen und pflücken dort Kokosnüsse. Die knacken sie mit ihren gewaltigen Zangen, wobei sie immer an den drei Keimlöchern ansetzen, und lassen sich anschließend das saftige Fruchtfleisch schmecken. Zum Atmen nutzen sie gut durchblutete Kammern auf der Körperoberseite, die ähnlich wie Lungen funktionieren und einen intensiven Gasaustausch ermöglichen. Daneben besitzen sie wie ihre krebsigen Verwandten noch Kiemen, die aber so weit zurückgebildet sind, dass sie damit im Wasser nicht atmen könnten und jämmerlich ertrinken würden. Deshalb halten sie sich vorwiegend an Land auf und streifen auf der Suche nach Essbarem durch die Gegend, wobei ihnen ihr ausgezeichneter Geruchssinn zugute kommt. Als essbar gilt ihnen alles Mögliche: Aas ebenso wie anderes Getier, besonders aber Früchte jeder Art. Und wenn sie die nicht auf dem Boden finden, klettern sie eben einfach auf die nächstbeste Palme und tun sich an deren Kokosnüssen gütlich.

Hin und wieder kommt es vor, dass ihnen dabei eine der schweren Früchte entgleitet und zu Boden fällt. Das passiert vermutlich unbeabsichtigt und nicht in der fehlgedeuteten Absicht, die Nuss zu stehlen (was ihnen den somit falschen Namen »Palmendieb« eingetragen hat). Allerdings kann eine herabfallende Nuss für eine Person, die sich just in diesem Moment unter dem Baum aufhält, durchaus gefährlich werden. Angeblich sind dadurch sogar schon Menschen ums Leben gekommen, weshalb der Krebs im englischen Sprachraum auch – reichlich übertrieben – »widow maker«, also »Witwenmacher« heißt.

Krebse übertönen Düsenjäger

Als Zerstörer im Zweiten Weltkrieg U-Boote orten wollten, die in den Tiefen tropischer Gewässer ihre Bahn zogen, jagte den Männern an den Sonargeräten plötzlich lautes Knallen Angst und Schrecken ein. Noch ganz im Banne des Erlebten, berichteten einige später, das ohrenbetäubende Krachen hätte sich angehört, als hätten unter Wasser Batterien schwerer Kanonen eine Salve nach der anderen abgeschossen. – Doch es waren keine feindlichen Soldaten beim Bekämpfen unterseeischer Gegner und auch keine hinterhältigen Störfeuer, die den infernalischen Lärm erzeugt hatten, sondern kleine, gerade mal fünf Zentimeter lange Krebschen auf der Jagd nach Fressbarem.

Die Rede ist von den »Pistolenkrebsen«, den unscheinbaren Bewohnern der Meere, die eine geradezu unglaubliche Technik entwickelt haben, um Beutetiere zu töten, unliebsame Artgenossen auf Abstand zu halten und paarungsbereiten Weibchen zu imponieren. Mittlerweile haben Wissenschaftler herausgefunden, wie die kleinen Krebse derart laute Geräusche von bis zu 240 Dezibel erzeugen können, die an Land selbst einen startenden Düsenjäger (etwa 150 Dezibel) übertönen würden. Dazu spannen sie ihre Scheren wie einen abschussbereiten Revolver und lassen sie dann in weniger als einer tausendstel Sekunde zusammenschnappen. Doch Hochgeschwindigkeitskameras haben eindeutig gezeigt, dass nicht dieses Aneinanderprallen den scharfen Knall erzeugt, sondern dass die extrem schnelle Bewegung das Wasser in der unmittelbaren Bewegung der Scheren so stark – nämlich auf über 90 Stundenkilometer – beschleunigt, dass es sich dabei auf mehr als 4000 °C (!) erhitzt. In der Folge entsteht eine nur wenige Millimeter große Ansammlung von ultraheißem Wasserdampf, die Wissenschaftler »Kavitationsblase« nennen. Und diese zerplatzt (implodiert) dann mit einem Lichtblitz und vor allem mit jenem ohrenbetäubenden Knall, der den Marinesoldaten das Blut in den Adern gefrieren ließ. So gewaltig ist der Lärm, dass er dank der guten akustischen Eigenschaften des Wassers mehr als einen Kilometer weit zu hören ist.

> **Wenn Sie mal wieder in tropischen Meeren baden,**
> *… stopfen Sie sich vorsichtshalber Stöpsel in die Ohren.*

Vögel können rückwärts fliegen

Wenn sich ein Vogel in die Luft schwingt, fliegt er normalerweise zunächst einmal ein Stück geradeaus und muss, falls er zum Ausgangspunkt zurückkehren will, zwangsläufig eine 180-Grad-Kurve absolvieren. Denn wie ein Auto einfach zurücksetzen kann er nicht. Doch keine Regel ohne Ausnahme. Es gibt tatsächlich Vögel, die in der Lage sind, im Flug gleichsam den Rückwärtsgang einzulegen und nach einer beliebig langen Pause des Stillstands mit dem Schwanz voraus in Gegenrichtung zu fliegen: die Kolibris. Das liegt vor allem daran, dass ihre Flugtechnik weit weniger derjenigen eines Flächenflugzeugs als vielmehr der eines Hubschraubers ähnelt. Und die können ja bekanntlich auch in der Luft stehenbleiben und rückwärts fliegen.

Nun besitzen Kolibris zwar keine sich rasch drehenden

Rotoren, doch das gleichen sie durch eine Technik namens »Schwirrflug« aus, bei der sie ihre Flügel pro Sekunde zwischen fünfzig- und zweihundertmal auf- und abbewegen, wobei die Spitzen die Form einer waagerecht im Raum liegenden Acht beschreiben. Dabei können die Vögel – wie ein Hubschrauber – den Anstellwinkel ihres kompletten Flugapparats (er macht bei einem Kolibri ein Drittel des Gesamtgewichts aus) ändern und auf diese Weise ihr Vorankommen äußerst präzise steuern: vom schnellen Vorausflug über den völligen Stillstand bis hin zur Rückwärtsbewegung.

Dass derartige Flugleistungen jede Menge Kraft kosten, versteht sich von selbst. Kein Wunder daher, dass die Vögel zur Deckung ihres enormen Energiebedarfs jeden Tag Nektar von 1000 bis 2000 Blüten zu sich nehmen müssen. Dabei atmen sie pro Minute zwischen 300- und 500-mal ein und aus (zum Vergleich: die menschliche Atemfrequenz liegt bei etwa 12 bis 20). Man sieht, dass Kolibris mit Hubschraubern nicht nur bezüglich ihrer Flugleistungen viel gemeinsam haben, sondern ihnen auch aus energetischer Sicht ähneln, denn Helikopter verbrauchen ja auch deutlich mehr Sprit als herkömmliche Flächenflugzeuge.

Tiere halten Temperaturen von minus 200 °C aus

Weil die winzigen, circa einen Millimeter messenden Gesellen, um die es hier geht, unter dem Mikroskop aussehen wie Miniatur-Teddybären und sich mit ihren Stummelbeinchen auch ähnlich tapsig fortbewegen, hat man ihnen den Namen »Bärtierchen« gegeben. Sie leben weltweit dort, wo es nass ist, also in Meeren, Seen, aber auch in Sümpfen und besonders gerne in feuchtem Moos.

Was sie so einzigartig macht, ist ihre unglaubliche Widerstandsfähigkeit gegen äußere Einflüsse, insbesondere gegen Sauerstoffmangel, stark schwankende Salzkonzentrationen, Austrocknung und – darin sind sie einsame Rekordhalter – extreme Kälte. Wenn das Thermometer in eisigen Regionen unter minus 40 °C fällt, kümmert sie das nicht im Geringsten. Sie schalten einfach ihren Stoffwechsel auf Spargang und reduzieren ihren Wassergehalt von ursprünglich 86 auf unglaubliche 3 Prozent. Außerdem produzieren sie ein hochwirksames Frostschutzmittel, das ihre Zellen am Leben erhält. Mit diesem Trick können einige Arten sogar monatelang im Inneren kompakter Eismassen überstehen, wobei ihnen auch wiederholtes Auftauen und Wiedereinfrieren nichts ausmacht.

Unter Laborbedingungen haben Bärtierchen schon 20 Monate lang in flüssiger, das heißt, circa minus 200 °C kalter Luft überlebt, ja, einige besonders robuste Arten haben sogar einen achtstündigen Aufenthalt in minus 269 °C kaltem flüssigem Helium unbeschadet überstanden. Da derartige Temperaturen auf der Erde unter natürlichen Bedingungen niemals vorkommen, so dass die extreme Widerstandsfähigkeit eigentlich überhaupt nicht erforderlich ist, haben einige Wissenschaftler die Vermutung geäußert, es müsse sich bei den putzigen Bärtierchen um außerirdische Lebewesen handeln, die von eisigen Gestirnen auf unsere Erde gelangt sind. Das scheint zwar eine reichlich gewagte These zu sein, Fakt ist jedoch, dass die sonst so überaus robusten Geschöpfe, die weder durch Dürre, noch durch Sauerstoffmangel oder eine extrem salzhaltige Umgebung totzukriegen sind, ganz schnell das Zeitliche segnen, wenn sie mit Umweltgiften in Berührung kommen, die es auf einem anderen Stern mit ziemlicher Sicherheit nicht gibt.

Mäuse tanzen Katzen vor der Nase herum

Dass Katzen auf Mäuse scharf sind, ist allgemein bekannt; und auch, dass Mäuse das nur zu gut wissen und alles daran setzen, einer Katze bloß nicht zu nahe zu kommen. Doch das ändert sich schlagartig, wenn eine Maus an Toxoplasmose erkrankt, einem Leiden, das durch Einzeller übertragen wird. Die müssen zu ihrer Vermehrung nämlich eine höchst komplizierte Entwicklung durchlaufen: Ein Stadium lebt parasitisch in Katzen, vermehrt sich dort geschlechtlich und wird schließlich mit dem Kot ausgeschieden. Den fressen Mäuse, woraufhin die Schmarotzer in deren Körper heranreifen, bis sie mitsamt ihrem Wirt von einer Katze gefressen werden. Damit das möglichst zuverlässig geschieht, haben die Toxoplasmen einen perfiden Mechanismus entwickelt: Sie setzen sich im Gehirn ihrer Mauswirte fest und bewirken dort, dass diese ihre angeborene Scheu vor Katzen ganz und gar verlieren. Selbst der Geruch von Katzenurin, der sie sonst panikartig flüchten lässt, macht ihnen dann nichts mehr aus, ja, sie scheinen sogar regelrecht davon angezogen zu werden.

Das ist insofern höchst erstaunlich, als die erkrankten Mäuse ansonsten vollkommen normal reagieren und auch weiterhin Leckerbissen wie Fleisch, Käse oder Getreidekörner auf weite Entfernungen erschnuppern. Nur eben nicht die typischen Ausdünstungen einer Katze. Der tanzen sie nun vollkommen enthemmt vor der Nase herum, machen, wenn sie sich ihnen nähert, keinerlei Anstalten zu fliehen – und werden natürlich ruckzuck gefressen. Damit ist der Toxoplasmose-Erreger wieder in eine Katze gelangt, und der Kreislauf hat sich geschlossen. Die Parasiten leben munter weiter, die armen Mäuse sind tot.

Manche Tiere verlieren in einem Vierteljahr eine Tonne Gewicht

See-Elefanten sind nicht etwa, wie der Name vermuten lässt, Rüssel tragende Dickhäuter, die sich bevorzugt im Meer aufhalten, sondern schlicht eine spezielle Art von Robben. Dass sie Elefanten heißen, liegt einerseits an ihrer schlauchartig vergrößerten Nase und andererseits auch an ihrer imponierenden Größe von bis zu 7 Meter sowie ihrem gewaltigen Gewicht, das bei kapitalen Bullen 3,5 Tonnen erreichen kann. Fast das ganze Jahr verbringen sie auf hoher See, wo sie bei ihren ausgedehnten Tauchgängen bis in Tiefen von 1400 Meter Unmengen von Fischen vertilgen.

Nähert sich jedoch das Jahresende, so treibt es die Kolosse mit Macht auf das Festland, denn zwischen Dezember und Februar erwacht in ihnen der Paarungstrieb. Dann versammeln die männlichen Tiere einen Harem von bis zu 20 Kühen um sich, den sie rund um die Uhr gegen eifersüchtige Nebenbuhler verteidigen. Das kostet natürlich eine Menge Kraft, doch fatalerweise können sie während der Brunftzeit nichts fressen, weil sie ja zur Bewachung ihres Harems an Land bleiben müssen. Da sie also jede Menge Energie verbrauchen, ohne Gelegenheit zu haben, sie sich über die Nahrung wieder zuzuführen, nehmen sie zwangsläufig ab. Wobei »abnehmen« stark untertrieben ist, denn die See-Elefantenbullen verlieren in den drei Monaten Brunftzeit mehr Gewicht als jedes andere bekannte Tier. Im Extremfall können das über 1000 Kilo und damit rund ein Drittel des Gesamtgewichts sein. Jahr für Jahr specken die gewaltigen Robben also die Masse eines Kleinwagens ab, um sie sich nachher mühsam wieder anzufressen. Was für ein enormer Aufwand für ein paar Stunden Liebe!

> **Wenn Männer zur Fortpflanzung einen ebensolchen Aufwand treiben müssten wie See-Elefantenbullen,**
> *... würde ihnen der Spaß am Sex schnell vergehen. Immerhin müssten sie vorher mindestens 25 Kilo abspecken.*

Eine Stubenfliege kann 80.000 Tonnen Nachwuchs hervorbringen

Wenn Stubenfliegenmännchen und -weibchen aus ihren Puppentönnchen schlüpfen, dauert es nicht einmal drei Tage, bis sie sich paaren, woraufhin die Weibchen unverzüglich damit beginnen, Eier zu legen. Das tun sie während ihres nur wenige Wochen dauernden Lebens bis zu 6-mal, wobei es stets etwa 100 bis 150 Eier sind, die sie produzieren. Kein Wunder also, dass ein einziges Stubenfliegenpärchen zusammen mit seinen Nachkommen – die in puncto Fortpflanzung ja auch alles andere als faul sind – innerhalb eines Jahres so viele Nachkommen hervorbringen könnte, dass Deutschland unter einer zwei Meter hohen Fliegenschicht begraben wäre. Der Insektenforscher L. O. Howard hat ausgerechnet, dass ein einziges Weibchen, das nach der Winterruhe am 15. April mit dem Eierlegen beginnt, am 10. September – wenn es selbst längst tot ist – 5,6 Billionen Nachkommen hat. Geht man davon aus, dass 70 Fliegen ein Gramm wiegen, so hätten diese Nachkommen – wohlgemerkt eines einzigen Weibchens – ein Gewicht von 80.000 Tonnen!

Doch zum Glück müssen wir uns vor einer derart gigantischen Fliegenplage nicht fürchten. Denn die Tierchen werden milliardenweise von Vögeln gefressen, fallen anderen Insekten zum Opfer oder werden von Menschen totgeschlagen beziehungsweise vergiftet. Hinzu kommt, dass Unmengen von ihnen erfrieren, ertrinken oder im Herbst durch seuchenartige Pilzerkrankungen ums Leben kommen. Da also nur sehr wenige Fliegen den Winter bei guter Gesundheit überstehen, bleibt ihre Gesamtzahl trotz ihrer hemmungslosen Vermehrungsfreude nahezu konstant.

Grillen sind lebende Thermometer

Wie alle Insekten sind Grillen wechselwarme Tiere. Ist es draußen kalt, sind sie träge und bewegen sich nur schwerfällig; geht die Temperatur jedoch nach oben, werden sie immer munterer. Das liegt daran, dass die biochemischen Reaktionen in ihrem Körper mit zunehmender Wärme schneller vonstatten gehen (weil die heftiger bewegten Moleküle dann öfter miteinander in Kontakt kommen), und je stürmischer die ablaufen, desto agiler werden die Tiere. Und desto eifriger zirpen sie. Das ist aber keinesfalls so zu verstehen, dass sich das Tempo ihrer Lautfolgen unter dem Einfluss der heizenden Sonnenstrahlen eben ein wenig erhöht, vielmehr nimmt die Zirpfrequenz der Insekten – das bestätigen zahlreiche Messungen – exakt proportional zur herrschenden Temperatur zu. Man braucht also nur zu zählen, wie oft eine Grille in einer bestimmten Zeit einen Ton von sich gibt, dann kann man ausrechnen, wie warm es ist.

Dazu muss man allerdings die Umrechnungsformel kennen, von der es unterschiedliche Versionen gibt. In seinem Buch »Weather Wisdom: Facts and Folklore of Weather Forecasting« (»Wetterweisheit: Tatsachen und Bauernregeln zur Wettervorhersage«) gibt der Autor Albert Lee eine Formel an, die für Feldgrillen – in seinen Worten die »Thermometer des kleinen Mannes« – zutreffen soll: Demnach zählt man, wie oft die Grille in 15 Sekunden zirpt und addiert zu dem Ergebnis die Zahl 37. Als Resultat erhält man die Temperatur in Grad Fahrenheit. Hört man das Insekt in einer Viertelminute also beispielsweise genau 40-mal, so beträgt die Temperatur an der Stelle, an der sie sitzt, exakt 77 Grad Fahrenheit, was 25 °C entspricht.

Zum selben Ergebnis gelangt man mit einer anderen Formel: »Anzahl der Zirplaute pro Minute plus 40, geteilt durch 8.« Rechnen wir einmal nach: 40 Zirper pro Viertelminute ergeben 160 in der Minute. 40 addiert, macht 200; und 200 geteilt durch 8 ergibt wieder 25. Man sieht, dass man auf diese Weise den Temperaturwert gleich in Grad Celsius erhält. Doch egal, ob Fahrenheit oder Celsius, immer muss man berücksichtigen, dass die Grille die Temperatur meldet, die in ihrer unmittelbaren Umgebung herrscht. Sitzt sie im nassen Gras oder auf einem hohen Baum, kann die dort herrschende Wärme oder Kälte durchaus um einige Grad vom Standpunkt des eifrig zählenden und rechnenden Beobachters abweichen. Doch wer bei einem Spaziergang durch die sommerliche Natur meint, er müsse ganz genau wissen, ob es gerade 22 oder 24 °C warm ist, sollte ohnehin besser ein exakt geeichtes Thermometer mit sich führen.

> **Wenn Sie Ihre Begleiter während eines sommerlichen Spaziergangs beeindrucken wollen,**
> *… bleiben Sie, sobald Sie eine Grille hören, stehen, lauschen ihren Tönen und verkünden kurz darauf präzise, wie warm es ist.*

Das Hinterteil eines Tieres kann 60 °C wärmer sein als der Kopf

Am Grund der Ozeane gibt es Quellen, sogenannte »hydrothermale Schlote«, aus denen permanent kochend heißes Wasser ausströmt. Da daraus beim Zusammentreffen mit dem kühlen Meerwasser große Mengen von Mineralien ausfallen, die in Form dichter dunkler Wolken aufsteigen, nennt man die Quellen auch »Schwarze Raucher«. Lange dachte man, in einer derart unwirtlichen Umgebung könnten unmöglich irgendwelche Lebewesen existieren, doch dann stellte sich heraus, dass genau das Gegenteil der Fall war: Man fand eine ganze Reihe von Tieren, die sich an die extremen Bedingungen ihres ungewöhnlichen Biotops bestens angepasst hatten.

Eines von diesen Lebewesen ist ein etwa zehn Zentimeter langer Wurm namens *Alvinella* (oder auch »Pompejiwurm«), der in Röhren am Rand unterseeischer Quellen lebt, aus denen das Wasser mit etwa 80 °C austritt. Diese extreme Temperatur – für die große Mehrheit der Lebewesen wäre sie absolut tödlich – erträgt er mit seinem in die Wohnröhre hineinhängenden Schwanz problemlos, während er seinen Kopf in nur etwa 20 °C warmem Wasser hin- und herpendeln lässt. Im Körper des Wurms besteht also zwischen Vorder- und Hinterende der geradezu unglaubliche Temperaturunterschied von 60 °C! Damit ist *Alvinella* nach aktuellem Wissensstand das gegenüber extremen Temperaturen unempfindlichste Lebewesen überhaupt. Bis heute ist den Wissenschaftlern unklar, wie der Wurm bei solchen Bedingungen überleben kann.

Auch Spinnen können fliegen

Es ist noch gar nicht lange her, da zerbrachen sich Forscher weltweit die Köpfe über die Frage, wie bestimmte Spinnen im Lauf der Erdgeschichte auf weit vom Festland entfernte, einsam im Ozean gelegene Inseln gelangen konnten, wo man sie heute allenthalben antrifft. Irgendwann erkannten sie dann zu ihrem großen Erstaunen, dass die Tiere dorthin einfach durch die Luft geflogen waren – über riesige Entfernungen, aber gänzlich ohne Flügel. Natürlich stellten sich die Wissenschaftler dann die Frage, wie die Spinnen das angestellt und welche Hilfsmittel sie dabei möglicherweise verwendet hatten. Und bald fanden sie heraus, dass sich die achtbeinigen Krabbler zu diesem Zweck eines raffinierten Tricks bedienen: Sie klettern auf die Spitze eines Grashalms und spinnen dort so lange einen feinen Seidenfaden, bis dieser als zwei bis drei Meter langes, zartes Gebilde im Luftzug hin- und herpendelt. Dann geben sie ihren sicheren Sitzplatz auf, hangeln sich an das Ende des Fadens und lassen sich von ihm mit dem Wind davontragen.

Dabei gelangen sie in Höhen bis zu zehn Kilometer, also dahin, wo üblicherweise Verkehrsflugzeuge ihre Bahn ziehen. Und genau wie diese legen sie dort oben gewaltige Strecken zurück. Das weiß man nicht zuletzt deshalb, weil sich fliegende Spinnen schon in der Takelage von Schiffen verfangen haben, die mehrere hundert Kilometer von der nächsten Küste entfernt auf dem Meer unterwegs waren. Wenn ein solches Tier schließlich irgendwo landet, trennt es unverzüglich seinen Faden ab, so dass dieser, vom Gewicht des Passagiers befreit, mit dem Wind davonfliegt. Manchmal kann man derartige, durch die Luft treibende Fäden im Sonnenlicht schimmern sehen. Und in einigen Gegenden der Erde, etwa im kalifornischen Yosemite-Valley, lädt sie der Wind in derart großen Mengen ab, dass sie Steine, Bäume und Sträucher in einer dicken Schicht überziehen.

Inzwischen haben Forscher die erstaunliche Fortbewegungsart der Spinnen näher untersucht und ihr die Bezeichnung »Ballooning« gegeben, die man jedoch als wenig treffend bezeichnen muss, da von einem Ballon als Fortbewegungsmittel nun wirklich keine Rede sein kann (eher kann man von einer Art Gleitschirm sprechen). Doch den Wissenschaftlern fiel offenbar kein besserer Ausdruck ein, was sicherlich vor allem daran lag, dass ihnen die genaue Art des Spinnenfluges lange Zeit alles andere als klar war.

Einig waren sie sich jedoch darüber, dass ein gerader, in die Luft geschleuderter Faden aus aerodynamischen Gründen kaum in der Lage wäre, die daran hängende Spinne über derartige Entfernungen zu befördern. Daher gehen die Wissenschaftler nicht mehr von einem starren Faden, sondern vielmehr von einem aus, der bis zur Landung flexibel bleibt und daher von Luftwirbeln geschlängelt, verdreht und in alle Richtungen gebogen wird. Computermodelle haben nämlich ergeben, dass derartige Gebilde wie Segel wirken, die vom Wind zusammen mit ihren tierischen Anhängseln in erstaunliche Höhen getragen werden und sich von den dort herrschenden Luftströmungen Hunderte von Kilometern weit wehen lassen. Daher planen die Forscher mittlerweile, die Tiere in einen Windkanal zu bringen, um am lebenden Objekt zu überprüfen, ob sich ihre Fäden vielleicht als eine Art Auftriebshilfe für Flugzeuge der gewerblichen Luftfahrt nutzen lassen.

Tiermännchen leben in der Gebärmutter des Weibchens

Dass männliche und weibliche Individuen einer Art unterschiedlich groß sind, ist im Tierreich nichts Ungewöhnliches. Bei uns Menschen werden die Männer im Durchschnitt ja auch deutlich größer als die Frauen, wohingegen es sich beispielsweise bei Greifvögeln genau umgekehrt verhält. Allerdings sind die geschlechtsspezifischen Größenunterschiede im Allgemeinen nicht besonders stark ausgeprägt, mehr als 30 Prozent Differenz sind selten. Doch es gibt Ausnahmen.

Eine davon betrifft den im Meer lebenden Igelwurm *Bonellia viridis*. Bei ihm sind die Weibchen mehr als 200-mal so groß wie die Männchen. Da die Wurmdamen etwa 30 Zentimeter lang werden, bedeutet das, dass ihre Geschlechtspartner nicht mehr als 1,5 Millimeter messen. Kein Wunder, dass Biologen sie lange Zeit für Parasiten hielten. Denn ihre Entwicklung klingt geradezu unglaublich. Die aus den Eiern schlüpfenden Larven sind erst einmal allesamt geschlechtslos und lassen sich im Wasser auf den Meeresboden sinken. Erreichen sie diesen, werden sie zu kräftigen Weibchen, fallen sie jedoch auf ein solches, so setzen sie sich darauf fest und entwickeln sich, gesteuert von einem Hormon ihrer Wirtin, zu winzigen Männchen. Die finden sich auf ihren lebenden Untersätzen oft in solchen Mengen, dass die Weibchen wie mit grobem Sand bestreut aussehen.

Sobald nun das Weibchen Eier produziert, die zu ihrer Weiterentwicklung zwangsläufig auf die Befruchtung durch ein Männchen angewiesen sind, nimmt es von den auf ihr herumlungernden Herren einfach mehrere ins Maul und schluckt sie herunter. Auf diese Weise gelangen die winzigen Wurmmänner in den Darm ihrer Partnerin, durchbohren dessen Wand und setzen sich in der Gebärmutter fest, wo sie pflichtgemäß die Eier befruchten. Wissenschaftler haben im Leib eines einzigen *Bonellia*-Weibchens schon mehr als 80 Männchen gefunden.

Manche Igel haben ein Alkoholproblem

Die Igel, von denen hier die Rede ist, leben in England. Dort ist es unter Hobbygärtnern sehr beliebt, zwischen Sträuchern, Stauden und Gemüse mit Bier gefüllte Fallen aufzustellen, mit denen sie Schnecken fangen wollen, die sonst in ihrer unersättlichen Fresssucht die Pflanzen bis zur Unkenntlichkeit zerknabbern. Doch von dem Bier werden nicht nur die verhassten Schädlinge, sondern auch die stacheligen Gesellen angezogen, die sich daran mit Begeisterung gütlich tun. Wenn die kleinen Trunkenbolde in den Fallen nicht gleich – wie mehrfach geschehen – stecken bleiben und jämmerlich verenden, torkeln sie nach ihrem Saufgelage oft planlos durch die Gegend und sind nicht mehr imstande, sich bei Gefahr zusammenzurollen und einem Angreifer ihren Stachelpanzer entgegenzustrecken. Vielmehr bieten sie ihm in ihrem Alkoholrausch ihre ungeschützte Unterseite dar, in die wütende Hunde und Katzen nun gefahrlos hineinbeißen und große Vögel Löcher picken können. Zahlreiche betrunkene Igel sind auf diese Weise schon qualvoll ums Leben gekommen.

Einhörner gibt es tatsächlich

Bereits im Altertum wurden Pferde wegen ihrer Kraft, ihrer Geschwindigkeit und Ausdauer von den Menschen bewundert und in einigen Kulturen sogar regelrecht verehrt. Noch weitaus mehr traf dies auf das sagenhafte Einhorn zu, ein Wesen mit Pferdekörper und einem langen, vorne aus dem Kopf herausragenden Horn, das als Symbol höchster Reinheit, ja, vielfach sogar als perfektes Sinnbild der göttlichen Energie galt. Doch wie gesagt, es handelte sich nur um ein Fabelwesen, das heißt, um ein Geschöpf der Phantasie, das nirgendwo in der realen Welt existierte. Dennoch ist es falsch zu behaupten, Einhörner gebe es nicht.

Denn in den Gewässern der arktischen Meere tummelt sich ein Geschöpf, dessen Körper zwar nichts mit dem eines Pferdes gemeinsam hat, das aber zweifellos über das namensgebende Attribut eines Einhorns verfügt. Gemeint ist der »Narwal«, ein rund eine Tonne schwerer und etwa vier bis fünf Meter großer Meeressäuger. Bei dieser Maßangabe ist allerdings noch nicht das markanteste Kennzeichen des einzigartigen Tieres berücksichtigt: ein bis zu drei Meter langer und annähernd zehn Kilo schwerer Stoßzahn. Genaugenommen handelt es sich um den linken Oberkieferschneidezahn, der schraubenförmig gewunden die Oberlippe durchbricht und wie ein gigantischer Dolch aus dem Kopf des Wals nach vorne ragt.

Wozu das gefährlich aussehende Horn gut ist beziehungsweise zu welchem Zweck der Narwal es verwendet, ist den Zoologen bis heute unklar. Die glatte Spitze deutet darauf hin, dass das Tier damit den Meeresboden auf der Suche nach Weichtieren, Würmern und Krebsen durchwühlt. Doch das ist ebenso nur eine Theorie wie die, wonach der Wal den Zahn wie eine Harpune zum Aufspießen von Beutefischen oder als Angriffswaffe gegen Rivalen und sonstige Feinde benutzt. Neuerdings gehen einige Biologen sogar davon aus, dass das Horn keinerlei praktischen Nutzen hat, sondern dass es sich dabei um nichts weiter als ein sekundäres Geschlechtsmerkmal handelt, ähnlich dem Geweih auf dem Kopf eines Hirsches. Wie dieses könnte der Stoßzahn während der Brunft der Tiere als auffallende Imponier-, Droh- oder Kampfwaffe dienen. Für diese Theorie spricht, dass Spitzen davon schon in den Köpfen oder sogar im zerbrochenen Ende der Stoßzähne anderer Narwale gefunden wurden, wohin sie eigentlich nur als Folge eines Duells zwischen den wehrhaften Tieren gelangt sein konnten.

Welchen Sinn der lange Dolch auch immer haben mag, fest steht, dass der Narwal dank seiner Existenz tatsächlich das einzige Tier auf Erden ist, das mit Fug und Recht den Namen »Einhorn« verdient.

Wenn Sie eine Wette gewinnen wollen,
… wetten Sie mit einem Sagenkundigen, ein Einhorn sei keineswegs nur ein Fabelwesen, sondern ein real existierendes Tier.

Viele Tierbabys sind größer als ihre Eltern

Beim Begriff »Baby« denkt man automatisch an ein winziges Geschöpf, das noch erheblich wachsen muss, bis es irgendwann so groß ist wie seine Eltern. Bei manchen Tieren, etwa dem Braunbär, kann man dieses Wachstum als gigantisch bezeichnen. Denn wenn ein kleines Fellknäuel-Bärenbaby auf die Welt kommt, ist es nur etwa 25 Zentimeter hoch, also ungefähr halb so groß wie ein Menschenbaby, und wiegt mit seinen durchschnittlich 500 Gramm gerade mal ein Siebtel dessen, was ein menschlicher Säugling auf die Waage bringt. Selbst wenn man bedenkt, dass der Bär 10 bis 11 Jahre braucht, bis er seine endgültige Statur erreicht hat, ist sein Wachstum eindrucksvoll. Denn Halt macht er erst bei einer Schulterhöhe von knapp 1,50 Meter und – je nach Rasse – einem Gewicht von beachtlichen 300 Kilo. Innerhalb einer Zeitspanne, in der ein Mensch sich vom Baby zum Oberschüler entwickelt, versechsfacht der Bär also seine Größe und versechshundertfacht (!) sein Gewicht. Ein Mensch, der im selben Maße zunähme, wäre als Erwachsener 2 Tonnen schwer.

Den Negativrekord in Bezug auf das Geburtsgewicht hält aber wohl das Känguru. Wenn man bedenkt, dass es erwachsen zwischen 20 und 30 Kilo wiegt, kann man kaum glauben, dass ein Neugeborenes nur wenig größer ist als ein Gummibärchen und gerade mal ein einziges Gramm auf die Waage bringt. Natürlich ist es in diesem erbärmlichen Zustand noch nicht selbständig, vielmehr bleibt es für die nächsten fünf bis neun Monate im Beutel der Mutter, wo es nach und nach größer und schwerer wird. Wenn es schließlich ausgewachsen ist, wiegt es 30.000-mal mehr als bei seiner Geburt. Würde ein Menschenbaby in diesem gigantischen Umfang an Gewicht zulegen, wöge es als Erwachsener rund 105 Tonnen – fast so viel wie ein mittelschwerer Blauwal.

Doch – und das ist eigentlich noch verblüffender – es gibt auch den umgekehrten Fall, dass ein Tierbaby viel größer ist als seine Eltern beziehungsweise dass es beim Erwachsenwerden nicht wächst, sondern im Gegenteil deutlich schrumpft: Das gilt für zahlreiche Insekten, von denen es auf der Welt nach wissenschaftlichen Berechnungen so viele gibt, dass auf jeden Menschen etwa zwei Milliarden kommen. Die meisten sechsbeinigen Krabbler machen nämlich nach dem Eistadium eine sogenannte »Metamorphose« durch, das heißt, sie verändern sich in eine völlig anders aussehende Jugend-

oder Larvenform: Schmetterlinge etwa in Raupen, Fliegen in Maden, Maikäfer in Engerlinge. Und die können ganz schön voluminös sein. Dasselbe gilt für das nachfolgende Puppenstadium, in dem tiefgreifende Umwandlungen stattfinden, bis endlich das fertige Insekt schlüpft. Das ist dann vielfach nicht nur deutlich kleiner als die Larve, sondern macht in seinem – in der Regel nur wenige Wochen oder Monate, selten mehrere Jahre – währenden Leben auch kaum Anstalten zu wachsen. Wenn dann so ein Käfer oder Schmetterling wieder Junge hat, muss er sich notgedrungen damit abfinden, dass diese – hoffentlich nicht allzu herablassend – auf ihn herabblicken.

Trinken –
Wahres, nicht nur vom Wein

Man kann unbedenklich destilliertes Wasser trinken

Destilliertes Wasser enthält keine gelösten Salze. Deshalb –
so liest und hört man immer wieder – dürfe man es keinesfalls trinken, anderenfalls drohten schwerste Gesundheits-
schäden oder gar der Tod. Als wissenschaftliche Begründung
für diese These wird die »Osmose« angeführt, die auf der
grundsätzlichen Tatsache beruht, dass zwischen zwei Flüssigkeiten mit unterschiedlichem Gehalt gelöster Stoffe ein
Bestreben zum Konzentrationsausgleich besteht. Sind diese
Flüssigkeiten durch eine Membran getrennt, durch die zwar
winzige Wasserteilchen, nicht aber darin gelöste, vergleichsweise sehr große Moleküle hindurchpassen, so strömt immer
mehr Wasser in die konzentrierte Lösung hinein, woraufhin
der Druck dort so lange ansteigen kann, bis die trennende
Membran schließlich platzt. Eine solche Membran stellen
nämlich auch die Wände der Körperzellen dar. Werden sie
von destilliertem Wasser umspült, so saugen sie dieses im
Bestreben um einen Konzentrationsausgleich in sich hinein,
bis sie immer praller werden und schließlich bersten. Folge:
Der betroffene Mensch geht elend zugrunde!
  Soweit die Theorie. Doch die ist für uns Menschen im Hin-

blick auf destilliertes Wasser ohne Bedeutung. Denn das Wasser, das wir trinken – egal, ob destilliert oder nicht –, gelangt zwangsläufig in den Magen und wird dort mit anderen Nahrungsmitteln und säurehaltigem Magensaft vermischt, so dass es keine einzige Körperzelle salzfrei erreicht – und mithin auch keinerlei Schäden anrichten kann. Mittlerweile gibt es sogar schon Organisationen – vor allem die amerikanische »Fit-for-Life«-Bewegung –, die die Verwendung destillierten Wassers ausdrücklich empfehlen. Das Wasser sei reiner, argumentieren sie, und enthalte unter anderem kein Kalzium, das maßgeblich an der gefürchteten Arterienverkalkung beteiligt sei. Aus medizinischer Warte ist diese Sicht der Dinge jedoch sehr einseitig, da bei ständiger Benutzung destillierten Wassers langfristig die Gefahr besteht, zu wenige Mineralstoffe zu sich zu nehmen. Das sieht auch die »Deutsche Gesellschaft für Ernährung« so, die – im Einklang mit zahlreichen Wissenschaftlern – warnt: »Die ausschließliche Verwendung destillierten Wassers kann bei einer einseitigen Ernährung zu einer Verarmung des Körpers mit Elektrolyten führen.«

Ob diese Befürchtung berechtigt ist oder nicht – immerhin nimmt der Körper die weitaus meisten Mineralstoffe mit der festen Nahrung auf –, mag dahingestellt sein. Tatsache ist jedenfalls, dass derjenige, der seinen Tee oder Kaffee aus Geschmacksgründen gern mit destilliertem Wasser aufbrüht oder auch sonst hin und wieder ein Gläschen davon zu sich nimmt, sich keinerlei Sorgen um seine Gesundheit zu machen braucht.

Man kann mehr Flüssigkeit ausscheiden als man trinkt

Um kein Missverständnis aufkommen zu lassen: Es ist natürlich unmöglich, dass ein Mensch dauerhaft mehr Flüssigkeit, das heißt Urin, von sich gibt, als er vorher durch Trinken aufgenommen hat. Denn dann würde das Blut, dem das Wasser mit den darin gelösten Abfallstoffen beim Durchfluss durch die Nieren entzogen wird, schon bald so dickflüssig, dass es durch keine Ader mehr hindurchströmen könnte – und das wäre absolut tödlich. Dafür, dass eine derartige lebensbedrohliche Situation unter normalen Bedingungen niemals eintreten kann, sorgt das quälende Durstgefühl, das im Zuge des Flüssigkeitsverlusts ausgelöst wird und den Betroffenen zwingt, das drohende Defizit schnellstmöglich wieder auszugleichen.

In diesem Kapitel geht es dagegen darum, dass die beim Trinken aufgenommene Flüssigkeit – die feste, ebenfalls Wasser enthaltende Nahrung lassen wir der Einfachheit halber weg – keinesfalls sofort wieder in derselben Menge ausgeschieden wird, sondern dass es durchaus möglich ist, durch Trinken die Produktion von viel mehr Urin auszulösen, als man vorher zu sich genommen hat. Das erreicht man am einfachsten, indem man alkoholhaltige Getränke konsumiert. Der Alkohol hemmt nämlich die Ausschüttung eines Hormons namens Adiuretin, das vor allem nach starken Flüssigkeitsverlusten, etwa nach heftigem Schwitzen, von der Hirnanhangdrüse ins Blut abgegeben wird und in den Nieren die Rückgewinnung des weitaus größten Anteils der zuvor ausgefilterten Flüssigkeit bewirkt (davon war ja schon im Zusammenhang mit den rund 170 Litern Primärharn die Rede, siehe Seite 103). Fehlt dieses Adiuretin, dann fließt weitaus mehr Harn – natürlich in stark verdünnter Form – über die beiden Harnleiter in die Blase, von wo aus er dann über die Harnröhre entleert wird.

Frischmilch ist genauso lange haltbar wie H-Milch

Das H in der Bezeichnung »H-Milch« leitet sich bekanntlich vom Wort »haltbar« ab. Doch haltbar ist die so gekennzeichnete Milch nur, solange die sterile Verpackung, in der sie eingeschlossen ist, unversehrt bleibt. In dem Moment, in dem diese geöffnet wird, verliert die H-Milch ihren Lagerungsvorteil vor normaler Frischmilch, das heißt, sie verdirbt genauso schnell. Ja, bei angebrochener Verpackung hat sie sogar einen Nachteil: Wenn sie schlecht wird, flockt sie weniger als das Frischprodukt, so dass ihr Sauerwerden viel schwerer erkennbar ist.

Hergestellt wird sie natürlich aus derselben Milch wie die Frischvariante (schließlich gibt es keine unterschiedlichen H- und Frischmilchkühe). Im Gegensatz zu dieser wird H-Milch jedoch für die winzige Dauer von etwas mehr als einer Sekunde auf etwa 150 °C erhitzt und danach gleich wieder auf 4 bis 5 °C heruntergekühlt. Durch diese Behandlung, die man als »Ultrahocherhitzen« bezeichnet, sterben sämtliche Keime ab. Außerdem ändert sich dadurch die Struktur des enthaltenen Proteins (es wird biologisch inaktiv oder »denaturiert«); das macht die Milch leichter verdaulich, verfälscht aber auch ihren ursprünglichen Geschmack.

Frischmilch dagegen wird nur »pasteurisiert«, das heißt, für etwa 20 bis 40 Sekunden auf rund 75 °C erhitzt und danach ebenfalls wieder möglichst rasch gekühlt. Auch dabei werden fast alle Bakterien abgetötet, aber eben nur fast – etwa ein halbes Prozent überlebt den Prozess und gelangt im vermehrungsfähigen Zustand mit der Milch in die Packung.

Dort sorgen die winzigen Gesellen dafür, dass die Milch sich nach und nach verändert und selbst bei einer Lagerung zwischen 3 und 6 °C nach etwa acht Tagen ungenießbar wird.

Dagegen bleibt H-Milch, die ja in ihrem Behälter von keinerlei Keimen bedroht ist, auch bei Raumtemperatur wesentlich länger in verwendungsfähigem Zustand. Aber eben nur, solange die Packung geschlossen bleibt. Denn wenn diese erst einmal geöffnet ist, gelangen mit jedem Luftzug Bakterien in die Milch, die sich dort unverzüglich vermehren und dieselben Prozesse in Gang bringen, die auch Frischmilch verderben lässt. In dem Moment, in dem man eine H-Milch-Packung öffnet, kann man das H also getrost streichen.

In einer Waschmaschine kann man Bier brauen

Falls Sie Ihr eigenes Bier brauen wollen, besitzen Sie dazu womöglich bereits das ideale Gerät: eine Waschmaschine. Die bietet mit ihrem beweglichen Kessel und der Möglichkeit, die Wassertemperatur exakt zu regeln, ideale Voraussetzungen, um darin Getreide keimen und mit Hilfe von Hefe Alkohol entstehen zu lassen. Allerdings muss es sich um einen Toplader handeln. Sollte dieser etwas aus der Mode gekommene Maschinentyp nicht vorhanden sein, finden Sie in Zeitungsinseraten oder über das Internet sicher ohne große Mühe ein gebrauchtes Gerät. Das müssen Sie zunächst zerlegen und gründlich reinigen; schließlich wollen Sie ja nicht, dass das Bier später nach Waschmittel oder Weichspüler schmeckt. Danach ziehen Sie den Sicherheitsschalter ab, der üblicherweise die Zeitverzögerung beim Öffnen des Deckels steuert und entfernen die Thermosicherung, mit der das Kochen des Wassers verhindert wird. Dann verpassen Sie der Maschine einen vierpoligen Schalter zum Trennen starker

Ströme, bauen einen weiteren Unterbrecher zum Ausschalten des Steuerwalzenmotors und schließlich noch ein digitales Thermometer ein – alles Teile, die es billig in jedem Baumarkt gibt.

Danach kann es losgehen: Sie schütten 40 °C warmes Zuckerwasser, Bierhefe und in der Küchenmaschine geschrotetes Malz in die Waschmaschinentrommel. Und während diese für eine fortlaufende, gleichmäßige Umwälzung sorgt, regeln Sie die Temperatur so, dass das Gemisch langsam erhitzt wird. Das weitere Vorgehen hängt von der Art des gewünschten Bieres ab und besteht im Fall von Altbier beispielsweise darin, das Wasser langsam auf 52 °C zu erwärmen, es bei dieser Temperatur 20 Minuten lang immer wieder umzurühren, dann auf 65 °C und nach weiteren 20 Minuten auf knapp 75 °C aufzuheizen, wobei es ständig in Bewegung bleiben muss. Dann filtern Sie das Gebräu in einen Bottich – dazu können Sie handelsübliche Stoffwindeln verwenden –; verschließen ihn und lassen das Bier bei 10 bis 20 °C mehrere Tage lang gären, bevor Sie es nach einem weiteren Filtervorgang in Flaschen abfüllen, wo die Gärung weiterläuft. Wenn Sie dann noch daran denken, die Flaschen in den nächsten drei bis vier Tagen immer wieder einmal zu öffnen, um den Überdruck entweichen zu lassen, ist das Bier nach etwa drei Wochen trinkfertig. Zum Wohl!

Man kann Wein zu Schnaps kühlen

Eine klare Spirituose – landläufig Schnaps genannt – wird normalerweise hergestellt, indem man eine alkoholhaltige Flüssigkeit – in der Regel vergorenen Fruchtsaft – langsam erhitzt oder »brennt«. Wegen der niedrigeren Siedetemperatur verdampft dabei zuerst der Alkohol, den man zusammen mit den enthaltenen Aromabestandteilen durch anschlie-ßendes Abkühlen wieder auffängt, und dann erst das Wasser. Das Ganze nennt man »Destillieren«.

Aber es geht auch ganz anders. Man kann nämlich anstelle der unterschiedlichen Siede- auch die stark differierende Gefriertemperatur ausnutzen. Die beträgt bei Wasser bekanntlich $0\,°C$, bei Alkohol jedoch minus $115\,°C$. Wenn man also guten (Beeren-)Wein – qualitativ hochwertig sollte er sein, weil er dann fast nur »bekömmlichen« Äthyl- und fast keinen giftigen Methylalkohol enthält – in einem offenen Behälter (nicht in der Flasche!) in den Gefrierschrank stellt, wird das Wasser allmählich zu Eis, während der Alkohol flüssig bleibt. Bei einer Temperatur von minus $15\,°C$ ist das Wasser nach rund sechs Stunden gefroren, und man kann den Alkohol einfach abgießen.

Doch damit ist der Schnaps noch nicht fertig, denn der nur schwach aromatisierte Alkohol schmeckt noch recht fade. Abhilfe schafft hier Buchen- oder Eichenholz, das man in kleine Späne spaltet, zur Entfernung unerwünschter Bitterstoffe kurz aufkocht und anschließend – am besten in einer dunklen Flasche – mit dem Alkohol vermengt. Danach muss man nur noch ein paar Monate Geduld haben, dann ist der Schnaps fertig.

Wenn Sie Ihre Partygäste gleichermaßen verwöhnen wie verblüffen wollen,

… bieten Sie ihnen doch einmal selbstgebrautes Bier der Marke »Lavatherm« und einen »selbstgefrorenen« Schnaps an.

Heißer Kaffee kühlt umso schneller ab,
je später man kalte Milch hineinschüttet

Ein wichtiger Termin naht, Sie haben es eilig. Doch bevor
Sie sich auf den Weg machen, möchten Sie zur Aufmunte-
rung noch rasch einen Kaffee trinken. Wenn der bloß nicht
so heiß wäre! Doch zum Glück ist die Milch, die Sie hinein-
schütten, frisch und kühl. Sie greifen zum Kännchen und –
sollten lieber erst einmal überlegen. Denn jetzt haben Sie
zwei Möglichkeiten: Entweder Sie geben die Milch sofort
dazu oder Sie warten damit bis kurz vor dem Trinken.

Das sei doch vollkommen einerlei, meinen Sie? Nun, das
ist es mitnichten. Messungen haben nämlich einwandfrei ergeben, dass der Kühleffekt in beiden Fällen unterschiedlich
ist: Tatsächlich bringen Sie den Kaffee umso schneller auf
eine erträgliche Trinktemperatur, je später Sie die Milch hin-
einschütten. Das lässt sich sogar relativ einfach erklären:
Entscheidend für die Geschwindigkeit des Abkühlens ist der
Temperaturunterschied zwischen Getränk und Umgebung.
Und der ist nun einmal – so paradox es zunächst klingt –
umso höher, je wärmer der Kaffee ist (die Raumtemperatur
ist ja stets dieselbe). Das bedeutet, dass das heiße Getränk
anfänglich rasch und dann mit sinkender Temperatur immer
langsamer abkühlt. Und zwar so lange, bis es schließlich genauso warm oder kalt ist wie die Umgebung.

Doch so lange wollen Sie ja nicht warten. Wenn Sie das
anregende Getränk also möglichst bald genießen, sich dabei
jedoch nicht den Mund verbrennen wollen, sind Sie gut beraten, mit der Zugabe der Milch bis unmittelbar vor dem
Trinken zu warten und dann nur noch kurz umzurühren.
Denn schwarzer und damit heißer Kaffee kühlt um etwa
20 Prozent schneller ab als mit kalter Milch versetzter. Deren

Einfluss auf die letztendliche Trinktemperatur ist dagegen logischerweise umso höher, je kälter das Getränk vor dem Zugeben bereits geworden ist.

Und was macht der eilige Kaffeetrinker, dem das Getränk nun einmal nur schwarz schmeckt? Nun, der muss eben auf die altbewährte Methode des »Pustens« zurückgreifen. Denn damit bläst er kontinuierlich die heiße Luftschicht über dem Kaffee fort und sorgt so dafür, dass die Oberfläche der Flüssigkeit stets mit einer möglichst kühlen Umgebung in Berührung kommt. Und das fördert, wie wir gesehen haben, die Abkühlung ebenfalls ganz erheblich.

> **Wenn Sie bei einer Kaffeetafel für verwundertes Kopfschütteln sorgen wollen,**
> *… lehnen Sie die angebotene Milch mit der Erklärung ab, Sie tränken den Kaffee lieber etwas kälter.*

Man kann eine geschlossene Dose Cola light von einer Normal-Cola unterscheiden

Mit verbundenen Augen kann man die Aufschrift auf einer Getränkedose natürlich nicht lesen, und daher lässt sich normales Cola von der Light-Variante zunächst einmal nicht unterscheiden. Das ändert sich jedoch, sobald man die Behälter (anstelle von Dosen können es auch PET-Flaschen sein) in Wasser gibt. Dann taucht die Normal-Cola nämlich unter, während die Light-Dose an der Oberfläche schwimmt.

Der Grund liegt in der großen Zuckermenge, die in dem Erfrischungsgetränk enthalten ist (immerhin pro halben Liter 16 Stück Würfelzucker). Da der sich hervorragend in Wasser löst, ohne dessen Volumen zu vergrößern (siehe Seite 244), bewirkt er eine erhebliche Dichtezunahme der Flüssigkeit. Das heißt: Normale Cola ist deutlich – genaugenommen pro Dose rund 13 Gramm – schwerer als die Light-Variante. Die enthält nämlich nur minimale, vom Gewicht her bedeutungslose Mengen eines sehr intensiv schmeckenden Süßstoffs (der keinesfalls schlank macht, siehe Seite 16). Deshalb benötigt man eigentlich gar kein Wasser, um die beiden Dosen mit verbundenen Augen voneinander zu unterscheiden. Man kann sie genauso gut auf die zwei Schalen einer Balkenwaage stellen und durch Tasten feststellen, welche Seite nach unten gesunken ist.

Wer bei Kälte Schnaps trinkt, erfriert leichter

Wenn man im Winter vor Kälte zittert, ist es ein scheinbar bewährtes Hausmittel, sich mit einem »Schnäpschen« von innen her aufzuwärmen. Doch das ist keinesfalls empfehlenswert. Zwar trifft es zu, dass der Alkohol am Anfang ein wohliges Gefühl der Wärme erzeugt, weil er die Blutgefäße erweitert, so dass mehr warmes Blut hindurchfließt. Doch der Effekt ist nur von kurzer Dauer und dreht sich schon bald in sein Gegenteil um: Die erweiterten Hautgefäße strahlen bei kalter Außentemperatur erheblich mehr Wärme ab, als das im verengten Zustand der Fall wäre. Und das bewirkt, dass der Körper immer stärker friert, was dem Betroffenen in seinem alkoholisierten Zustand allerdings oft nicht bewusst wird. Schon so mancher Betrunkene, der im Winter seinen Rausch im Freien ausschlafen wollte, ist aus diesem Grund nicht mehr aufgewacht.

Urlaub –
Sonniges von Sport und Spiel

Man kann stundenlang in der Sonne liegen, ohne einen Sonnenbrand zu bekommen

Wer sich uneingecremt in die pralle Sonne legt, muss sich nicht wundern, wenn die Haut schon nach kurzer Zeit immer röter wird, bei der leisesten Berührung heftig schmerzt und sich später schließlich in mehr oder minder ausgedehnten Streifen abschält. Von der Gefahr einer bösartigen Krebserkrankung einmal ganz abgesehen. Wer also unbedingt das angenehm warme Sonnenlicht auf der nackten Haut spüren möchte, ist gut beraten, diese vorher mit einem entsprechend wirksamen Schutzmittel einzureiben.

Doch gibt es auf dieser Erde einen Ort, wo man auf derartige Vorsichtsmaßnahmen getrost verzichten und seine Haut ohne vorherige Behandlung mit Cremes, Lotionen oder Sprays gefahrlos der prallen Sonne aussetzen kann. Dieser Ort ist das Ufer des Toten Meeres in Israel. Das liegt nämlich 400 Meter unter dem Meeresspiegel und ist damit die tiefstgelegene Stelle der Erde. Dass einem Menschen hier auch ein ausgedehntes Bad im grellen Sonnenlicht nichts ausmacht, liegt vermutlich an zwei Ursachen: Zum einen müssen die Strahlen der Sonne am Toten Meer, bevor sie auf die unbekleidete Haut treffen, naturgemäß eine 400 Meter dickere

Luftschicht durchdringen als beispielsweise an den Küsten Italiens, Griechenlands oder Spaniens. Und zum anderen verdunstet aus dem Toten Meer ständig eine Menge Wasser (weshalb es extrem salzhaltig ist), das aus dem tiefen Trog, in dem das Gewässer liegt, nur schwer entweichen kann und daher eine Art Schutzglocke aus Dampf bildet. Und die schluckt nicht nur reichlich Licht, sondern ganz besonders die sogenannten UVB-Strahlen, die fast ausschließlich für den lästigen Sonnenbrand verantwortlich sind.

Kein Wunder daher, dass das Tote Meer ganz besonders bei Menschen beliebt ist, die unter Hautkrankheiten, wie beispielsweise der Schuppenflechte (Psoriasis), leiden und auf die Bestrahlung mit Sonnenlicht gut ansprechen. Kranke, die für längere Zeit jeden Tag ein paar Stunden in der Sonne liegen oder leichtbekleidet ohne Schutzmittel umherspazieren, berichten danach von einer lang anhaltenden Besserung ihrer Beschwerden – und das ganz ohne Sonnenbrand.

Ein Ball kann nach dem Aufspringen schneller sein als vorher

Urlaub – das heißt nicht zuletzt Spiel und Sport: Wandern, schwimmen, Rad fahren, aber auch Fußball und Tennis. Und da möchte man es schon gern den Großen nachtun, möchte den Gegner mit dem Ball am Fuß wie Pelé umdribbeln und ihm die kleine Filzkugel wie Boris Becker unerreichbar in die Feldecke setzen. Oder – noch besser und besonders effektiv – sie so spielen, dass sie ihm nach dem Aufprallen wie ein Geschoss um die Ohren fliegt.

Aber geht das überhaupt? Kann ein Ball, nachdem er den Boden berührt hat, schneller abspringen, als er angekommen ist? Eigentlich ist das doch unmöglich, denn die Geschwindigkeit entstammt der Bewegungsenergie, und die kann bei

Berührung mit dem Untergrund ja nicht plötzlich größer werden.

Wer so denkt, hat recht und unrecht zugleich. Denn natürlich kann der Boden dem aufprallenden Ball keine zusätzliche Power mitgeben, aber er kann dafür sorgen, dass eine andere Energieform ins Spiel kommt, diejenige nämlich, die den Ball rotieren lässt. Deshalb funktioniert das Schnellerwerden auch nur dann, wenn der Ball einen heftigen Drall in Richtung seiner Flugbahn aufweist, sich also schnell vorwärts dreht. Die in dieser Rotation steckende Power verwandelt sich beim Aufprall auf den Boden schlagartig in vorwärts gerichtete Bewegungsenergie, und die macht den Ball tatsächlich schneller.

Beim Tennis ist das eine durchaus gebräuchliche – »Topspin« genannte – Methode, dem Ball beim Schlag zusätzliche Rasanz mitzugeben. Dazu muss ihn der Spieler nicht geradlinig, sondern schräg von hinten unten nach vorne oben treffen, ihn also nicht nur vorwärts dreschen, sondern auch in flotte Drehung versetzen. Dann springt er, nachdem er im gegnerischen Feld den Boden berührt hat, tatsächlich deutlich schneller ab als er angekommen ist und fliegt dem Gegner wie ein Geschoss um die Ohren.

Beim Fußball funktioniert das, physikalisch gesehen, natürlich ganz genauso. Jedoch ist es dabei viel schwerer, dem Ball im Moment des Dagegentretens bewusst eine solche vorwärts gerichtete Drehbewegung mitzugeben. Das gelingt nur sehr wenigen Spezialisten, die damit jedoch über eine höchst erfolgversprechende Torschusstechnik verfügen. Schließlich berechnet der Torwart automatisch die Flugbahn und stimmt seine Reaktion räumlich und zeitlich so ab, dass er eine möglichst große Chance hat, den Ball zu erwischen. Und wenn der dann kurz vor ihm auf- und danach plötzlich viel schneller abspringt, als er angeflogen ist, ist das für den Keeper so, als hätte ein anderer Spieler den Ball abgefälscht.

Bei der Gelegenheit noch eine kurze Anmerkung zu den ständig von Fernsehreportern geforderten Weitschüssen bei nassem Rasen, der den Ball beim Aufprall angeblich ebenfalls beschleunigt. Das funktioniert nämlich keinesfalls. Hat die Lederkugel nicht, wie oben beschrieben, einen starken Vorwärtsdrall, so wird sie beim Kontakt mit dem Gras in jedem Fall abgebremst. Der Vorteil des glitschigen Untergrunds besteht für den Schützen lediglich darin, dass die Reibung geringer ist als auf trockenem Rasen. Der Ball wird bei Nässe also kein bisschen schneller; er wird lediglich weniger langsam. Zudem ist er natürlich glitschiger als ein trockener und damit für den Torwart wesentlich schwerer zu fassen.

> **Wenn Sie eine Wette gewinnen wollen,**
> *… wetten Sie mit einem Fußballexperten, auf nassem Gras werde ein Ball beim Abspringen deutlich langsamer.*

Je länger man Roulette spielt, desto sicherer verliert man

Das bekannteste aller Glücksspiele ist zweifellos das Zahlenlotto. Allerdings ist die Chance, dabei eine größere Summe zu gewinnen, außerordentlich gering. Denn um sechs Richtige zu tippen, muss man rein rechnerisch 13.983.816-mal spielen. Bei vier Feldern pro Woche dauert das knapp 67.230 Jahre, und selbst, wenn man Woche für Woche in 20 Feldern jeweils sechs der 49 Zahlen ankreuzt (was auf Dauer ziemlich teuer wird), vergehen im Mittel immer noch 13.446 Jahre, bis man mit einem Volltreffer rechnen kann.

Weil das viele Menschen wissen, versuchen etliche ihr Glück beim Roulette. Da scheinen die Chancen erheblich größer zu sein, denn die Bank zahlt dem Gewinner bei einem Volltreffer das 36-fache seines Einsatzes zurück. Dass sie trotzdem langfristig immer gewinnt, liegt an der schlichten Tatsache, dass es nicht nur 36, sondern mit der Null 37 Zahlen gibt, auf die man setzen kann. Die Bank bezahlt also $\frac{36}{37}$ des Einsatzes wieder aus, das letzte Siebenunddreißigstel behält sie. Das bedeutet zwangsläufig, dass die Spieler $\frac{1}{37}$ oder 2,7 Prozent ihres Geldes verlieren. Das klingt nicht dramatisch, aber man muss berücksichtigen, dass sich dieser Wert nur auf ein einziges Spiel bezieht. Schon bei zwei Durchgängen verdoppelt er sich auf 5,4, bei drei auf 8,1 Prozent und immer so weiter. Nach 20 Spielen hat ein Spieler also im Mittel 54 Prozent seines Einsatzes verloren. Und nach 37 Spielen ist er – auf längere Sicht gesehen – pleite.

»Auf längere Sicht« deshalb, weil er natürlich – wie beim Lotto – auch einmal eine Glückssträhne haben und einen oder gar mehrere Volltreffer landen kann. Dann kommt das Geld, das er gewinnt, aber von den anderen Spielern, die es zwangsläufig verlieren. Auf Dauer gibt es also nur einen einzigen sicheren Gewinner: die Bank. Und für jeden, der das Casino mit mehr Geld in der Tasche verlässt, als er mitgebracht hat, gibt es eine ganze Menge, für die das Umgekehrte gilt.

Wenn Sie aus reinem Vergnügen spielen,
… spielen Sie besser Roulette als Lotto. Das Geld verlieren Sie mit ziemlicher Sicherheit so oder so, aber beim Roulette haben Sie länger Spaß.

Wasser –
Die gar nicht so klare Flüssigkeit

Wasser kann trocken sein

Nass ist eine Flüssigkeit, wenn sie einen Gegenstand, mit dem sie in Berührung kommt, befeuchtet – oder anders ausgedrückt: wenn sie an ihm hängen bleibt. Tut sie das nicht, ist sie aus Sicht dieses Gegenstandes trocken. Und hängen bleibt Wasser keinesfalls an jedem Objekt, das man hineintaucht beziehungsweise über das man es ausgießt. In dem Beitrag über das Schmelzen von Eis (siehe Seite 70) war bereits davon die Rede, dass Wassermoleküle ungleichmäßig verteilte Ladungen tragen, also gleichsam einen Plus- und einen Minuspol aufweisen (weshalb man auch von ihrem »Dipolcharakter« spricht). Dies führt dazu, dass zwischen ihnen schwache elektrische Anziehungskräfte, sogenannte »Wasserstoffbrücken«, wirken, mit denen sie sich gegenseitig anziehen. Kommen sie nun mit irgendeinem anderen Stoff in Berührung, bleiben sie an diesem nur dann hängen, wenn dessen Oberflächenmoleküle ebenfalls elektrische Ladungen tragen (dann besteht zwischen Wasser und Oberfläche eine elektrische Anziehung). Das ist zum Beispiel bei den Proteinmolekülen unserer Haut der Fall, an denen Wasserteilchen deshalb gut haften und unser schwerstes Organ (siehe Seite 114) im wahrsten Sinne des Wortes »nass machen«.

Es gibt jedoch Materialien, die elektrisch vollkommen neutral (unpolar) sind. Dazu gehören sämtliche Fettstoffe (Lipide), beispielsweise die Wachse, aber auch einige Kunststoffe. Mit denen können Wasserteilchen keinerlei Bindung eingehen und benetzen sie daher nicht. Man sagt, derartige Substanzen seien »hydrophob«, was so viel bedeutet wie »wasserabstoßend«. Gerät man zum Beispiel in Regen und trägt eine Jacke, die mit einem solchen Stoff beschichtet ist, so perlt das Wasser daran einfach ab, und man wird nicht nass. Dasselbe gilt für eine Kerze, die man in Wasser taucht: Zieht man sie wieder heraus, ist sie so trocken wie zuvor. Ob Wasser nass ist, hängt also entscheidend von dem Stoff ab, mit dem es in Berührung kommt. Könnte man die Kerze fragen, würde sie Wasser zweifellos als trocken beschreiben.

Wenn Sie eine Wette gewinnen wollen,

… *wetten Sie mit einem Seemann, Wasser sei mal nässer, mal trockener.*

Man kann Wasser in einem Pappbecher kochen

Probieren Sie es einmal aus: Füllen Sie einen Pappbecher (keinen aus Schaumstoff bitte!) mit Wasser, stellen Sie ihn auf einem geeigneten Gestell direkt über eine Kerze und zünden Sie diese an. Keine Angst! Sie müssen keinen Behälter bereithalten, um das auslaufende Wasser aufzufangen, denn selbst wenn die Flamme den Boden des Bechers unmittelbar berührt, wird der nicht anbrennen. Das würde er natürlich sofort tun, wenn er leer wäre, aber so leitet das Wasser die Wärme derart schnell ab, dass der Becher nie heiß genug wird, um in Flammen aufzugehen. Selbst wenn das Wasser kocht, was es ja irgendwann tun wird, ist seine Temperatur von 100 °C noch immer viel niedriger als diejenige, bei der Pappe anfängt zu brennen. Dann verbraucht die siedende Flüssigkeit die zugeführte Energie zum Verdampfen, aber der Becher bleibt nach wie vor unversehrt. Erst wenn das ganze Wasser in gasförmigem Zustand entwichen und der Behälter vollkommen leer ist, wird die Pappe Feuer fangen.

Man kann Wasser ohne Erhitzen verdampfen

Wenn Wasser vom flüssigen in den gasförmigen Zustand übergeht, dann deshalb, weil seine Moleküle in die umgebende Luft entweichen. Dazu benötigen sie genügend Energie, um sich erstens aus dem Verbund mit den anderen Wasserteilchen zu lösen und zweitens auch noch gegen den auf die Oberfläche wirkenden Luftdruck anzukommen. Diese Energie führt man ihnen üblicherweise in Form von Wärme zu, die die Moleküle beschleunigt und ihnen damit das Entweichen ermöglicht. Deshalb ist die zu einem bestimmten Zeitpunkt gemessene Wassertemperatur stets ein Durchschnittswert, der sich aus den Einzelenergien sämtlicher Teilchen zusammensetzt. So kann zum Beispiel ein Molekül bereits die nötige Energie erreicht haben, um sich zu lösen, während das restliche Wasser noch vollkommen flüssig ist. Aufgrund dieses Effektes ist es möglich, dass eine Flüssigkeit schon bei einer Temperatur verdunstet, die erheblich geringer ist als ihr Siedepunkt.

Doch wie bereits erwähnt, kann ein Wasserteilchen nur dann in den Gaszustand übergehen, wenn seine Energie ausreicht, um den Druck der von außen wirkenden Luftmoleküle zu überwinden. Das bedeutet im Umkehrschluss, dass Wasser nicht nur umso leichter verdampft, je wärmer es ist, sondern auch, je weniger der herrschende Luftdruck es daran hindert. Deshalb siedet es auf dem Mount Everest schon bei etwa 70 °C. Und das tut es natürlich auch schon in weit geringerer Höhe, sofern man den Luftdruck künstlich herabsetzt. Und irgendwann verdampft das Wasser dann schon bei Raumtemperatur.

Dass es das wirklich tut, kann man mit einem einfachen Versuch ausprobieren. Man benötigt dazu lediglich eine Einmalinjektionsspritze, wie man sie in jeder Apotheke bekommt. Die zieht man – ohne Kanüle – etwa halbvoll mit Wasser auf, wobei man darauf achten muss, dass man keine Luft mit ansaugt. Dann verschließt man – noch unter Wasser, um jegliches Eindringen von Luft zu vermeiden – die Öffnung mit dem Finger und nimmt die Spritze heraus. Wenn man jetzt kräftig am Kolben zieht, reduziert man damit den auf dem Wasser lastenden Druck. Und tatsächlich erkennt man in der Flüssigkeit auf einmal zahlreiche Blasen. Dabei kann es sich nicht um Luft handeln, denn wo soll die auf einmal herkommen? Nein, was da plötzlich so munter perlt, sind Wasserdampfblasen, die sofort wieder verschwinden, wenn man den Kolben loslässt und damit den auf dem Wasser lastenden Druck wieder auf das übliche Normalmaß erhöht. Verdunstendes Wasser muss also durchaus nicht immer besonders warm sein!

Das Ganze funktioniert natürlich auch umgekehrt: Erhöht man den Druck, so siedet Wasser erst bei einer Temperatur jenseits von 100 °C. Nach diesem Prinzip funktioniert der Schnellkochtopf, der mit seinem luftdicht verschlossenen Deckel den aufsteigenden Dampf am Entweichen hindert. Die Folge ist, dass der Druck im Inneren des Gefäßes immer mehr ansteigt, bis sich bei einem vorgegebenen Wert ein Ventil öffnet und Dampf freigibt. Auf diese Weise bleibt der Druck stets auf demselben hohen Level, und das weitere Wasser siedet erst später – im Fall eines typischen Schnellkochtopfs bei etwa 115 °C. Das ist allemal heiß genug, um jedes Gericht viel schneller gar werden zu lassen als in einem herkömmlichen, mit Wasser gefüllten Behältnis. Der Effekt wird noch dadurch verstärkt, dass das Innere des Topfes vollständig mit Dampf angefüllt ist, der die Wärme erheblich besser leitet als Luft (weshalb es auch in einer Sauna nach einem Aufguss kaum auszuhalten ist). Die Folge ist, dass die gesamte Hitze viel effektiver in die zu garende Speise hineingeleitet wird. Und das verkürzt den Kochprozess noch einmal ganz erheblich.

Vier Tassen Zucker passen in eine einzige Tasse Wasser

Füllt man von zwei Tassen mit je etwa 150 Milliliter Fassungsvermögen die eine mit Wasser und die andere mit Haushaltszucker, so beträgt das Volumen von Wasser und Zucker natürlich insgesamt 300 Milliliter. Nun schüttet man den Zucker langsam unter ständigem Umrühren in das Wasser und siehe da: Kein einziger Tropfen läuft über. Vielmehr verschwindet der Zucker wie von Geisterhand in der Flüssigkeit, und aus den 300 sind plötzlich 150 Milliliter geworden. Doch damit nicht genug! Gibt man nämlich eine weitere Tasse Zucker dazu, löst sich auch der auf, ohne dass der Wasserspiegel steigt, und das funktioniert sogar noch mit einer dritten und vierten.

Wo ist der Zucker geblieben? Klar, er hat sich aufgelöst, aber was ist dabei mit seinen kleinsten Teilchen passiert? Die können doch nicht einfach verschwunden sein. Nein, das sind sie natürlich nicht, und die Erklärung dafür ist sogar relativ einfach: In der Lösung kommen nämlich auf ein – relativ großes – Zuckermolekül rund 25 – wesentlich kleinere – Wasserteilchen. Und die sind – durch die bereits mehrfach erwähnten »Wasserstoffbrücken« (siehe Seite 240) – so lose miteinander verknüpft, bilden also ein derart grobmaschiges Gitter, dass die Zuckermoleküle bequem dazwischen Platz finden. Und da sich besagte Brücken – sie beruhen ja auf schwachen elektrischen Anziehungskräften – auch zwischen Zucker- und Wassermolekülen ausbilden, schweben die gelösten Teilchen keinesfalls unkontrolliert in der Flüssigkeit umher, sondern werden von den Wasserteilchen regelrecht festgehalten. Aus demselben Grund lösen sich auch sämtliche Salze, die stets in Form elektrisch geladener Ionen vorliegen, so hervorragend in Wasser.

Wenn Sie eine Wette gewinnen wollen,
… wetten Sie doch einmal, Sie könnten vier Tassen Zucker locker in einer einzigen Tasse Wasser unterbringen.

Ein Eimer Wasser wird schwerer, wenn man einen Finger hineintaucht

Wenn Sie auf eine Seite einer Balkenwaage einen Eimer Wasser und auf die andere ein gleich schweres Gewicht stellen, was denken Sie, wird passieren, wenn Sie einen Finger ins Wasser tauchen, ohne dabei den Eimer zu berühren? Gar nichts, glauben Sie? Damit vermuten Sie dasselbe wie mehr als 90 Prozent der Menschen, denen Reporter eines Wissenschaftsmagazins genau diese Frage gestellt haben. Und wie die große Mehrheit liegen Sie falsch!

Denn das Wasser übt auf den Finger eine Auftriebskraft aus, wodurch der scheinbar leichter wird (das kann man leicht ausprobieren, wenn man eine schwere Person einmal außerhalb und einmal innerhalb eines Schwimmbeckens hochzuheben versucht). Und zu jeder Kraft existiert grundsätzlich eine gleich große in entgegengesetzter Richtung. Man spricht in diesem Zusammenhang auch vom »Aktion-gleich-Reaktion-Prinzip«. Wenn man beispielsweise mit der Hand gegen eine Hauswand drückt, drückt die Hauswand mit derselben Kraft zurück, und wenn ein Pferd einen Wagen nach vorne zieht, zerrt der Wagen das Pferd mit gleicher Kraft nach hinten.

Deshalb erzeugt auch die Auftriebskraft, die den Finger scheinbar leichter macht und deshalb nach oben gerichtet ist, eine gleich große Kraft, die auf den Boden des Eimers drückt. Folge: Die Waage neigt sich auf der Seite des Wassereimers nach unten. Falls Sie das nicht glauben, probieren Sie es einfach aus.

Wenn Sie einen Bademeister in Verlegenheit bringen wollen,

... erkundigen Sie sich doch einmal beiläufig, ob er sicher ist, dass das Schwimmbecken das Gewicht der vielen Badenden aushält.

Wissenschaft und Technik –
Nichts ist unmöglich

Computer können mitfühlen

Sind Sie auch schon einmal ratlos vor einem Fahrkarten-automaten gestanden, bei dem Sie nicht begriffen haben, was er von Ihnen wollte und der deshalb absolut nicht das tat, was Sie erwarteten: Ihnen einen Fahrschein zu Ihrem Reiseziel ausstellen? Mit derlei Unbill könnte bald Schluss sein. Denn Ingenieure der Universität Paderborn arbeiten fieberhaft an einem Roboter, der sein Gegenüber nicht nur sprachlich versteht, sondern auch ebenso antwortet und da-bei sogar mittels ausdrucksstarker Mimik seine Gefühlslage deutlich macht.

Die Rede ist von MEXI (Machine with Emotionally Exten-ded Intelligence), einem Roboter mit einer Art künstlicher Intelligenz. Der nimmt seine Umgebung mit Hilfe zweier Ka-meras und Mikrophone wahr und reagiert der jeweiligen Situation entsprechend. Zu diesem Zweck haben ihn seine Entwickler mit 15 unterschiedlichen Stellungen der Mund-winkel ausgestattet, er kann die Ohren spitzen, die Augen verdrehen, freundlich oder streng dreinblicken. Wenn er – in hoffentlich nicht allzu ferner Zukunft – als Fahrkartenver-käufer eingesetzt wird, soll er durch einen einfühlsamen, der

Situation angemessenen »Gesichtsausdruck« zeigen, dass er die Wünsche seiner Kunden verstanden hat und ihnen womöglich noch die eine oder andere ergänzende Frage stellen, um ihnen schließlich mit einem freundlichen Lächeln genau das gewünschte Ticket auszuhändigen.

Noch einen Schritt weiter gehen Forscher der Technischen Universität München. Sie arbeiten an der Entwicklung eines Computers, der präzise erkennen soll, wie sich derjenige, der ihn bedient, gerade fühlt. Dazu filmt eine Kamera das Gesicht des Anwenders, und ein Spracherkennungsprogramm analysiert dessen Stimme. So registriert der Computer bei seinem Gegenüber beispielsweise hochgezogene Augenbrauen oder herabhängende Mundwinkel sowie eine ärgerlich klingende Stimme. Daraus soll er, wenn er als Fahrkartenverkäufer eingesetzt wird, seine Schlüsse ziehen und genervte Fahrgäste besonders freundlich und gekonnt durch den unübersichtlichen Bahntarif-Dschungel leiten.

Doch bis es so weit ist, müssen die computergesteuerten Roboter noch einiges lernen, denn die menschliche Sprache ist mindestens ebenso komplex wie seine Mimik. Selbst uns als lebenden Wesen fällt es ja bisweilen schwer, die Befindlichkeit anderer Personen richtig einzuschätzen. Und einem Roboter geht es natürlich genauso. Deshalb strengen sich die Entwickler des denkenden Computers besonders an, ihm typische non-verbale, also allein anhand der Mimik erkennbare Anzeichen beizubringen, die es ihm erlauben, die Gefühle seines Gegenübers korrekt zu erfassen und möglichst einfühlsam darauf zu reagieren. Und sie sind dabei offenbar auf einem guten Weg, denn schon heute kann der Roboter Freude, Ärger, Zorn oder Trauer aus den Worten seines menschlichen »Gesprächspartners« erstaunlich präzise heraushören.

Eines steht jedenfalls fest: Wenn Computer beziehungsweise Roboter wie MEXI weiterhin so schnelle Fortschritte machen wie in der Vergangenheit, ist es nur noch eine Frage der Zeit, bis sie uns eines Tages tatsächlich als Bahnangestellte, Krankenpfleger, Schaffner oder Reiseleiter bedienen.

Jeden vierbeinigen Tisch kann man so drehen, dass er nicht wackelt

Jahrelang hatte sich der Schweizer Physiker André Martin über die wackligen Tische auf der Terrasse des Kernforschungszentrums CERN in Genf geärgert. Doch nicht nur dort, sondern auch in zahlreichen Restaurants und Cafés hatten ihn die kippeligen Unterlagen seiner Speisen und Getränke zur Verzweiflung gebracht. Und immer wieder hatte er – wie wohl jeder von uns schon einmal – versucht, das Problem in den Griff zu bekommen, indem er einen Bierdeckel unter eines der vier Tischbeine geklemmt hatte.

Doch das Verfahren war mühsam und umständlich und oft auch nur sehr bedingt von Erfolg gekrönt. Deshalb hatte er eines Tages, als seine Suppe auf einem wackeligen Restauranttisch über den Tellerrand schwappte, endgültig die Nase voll. Er schaltete seinen Computer ein und begann zu rechnen. Dabei vereinfachte er das Problem insofern, als er sich auf quadratische Tische und einen leicht welligen Boden beschränkte, dessen Erhebungen eine Steigung von maximal 15 Grad aufwiesen, da nach seiner Ansicht Lokalterrassen, ja, selbst ein holperiger Rasen, auch nicht unebener waren. Und tatsächlich fand er, wie er erhofft hatte, heraus, dass es auf einem derartigen Untergrund für einen Tisch stets eine Position gibt, bei dem alle vier Beine fest auf dem Boden stehen.

In dieser Lage ist die Tischplatte zwar nicht immer vollkommen waagerecht, doch das Gefälle ist in keinem Fall so groß, dass Bier aus dem Glas schwappen oder gemeinsam mit diesem ins Rutschen geraten könnte. Allerdings bedarf die Ermittlung einer solchen Idealposition eines beträchtlichen Rechenaufwandes, so dass wohl nur der Restaurantbesucher davon profitieren kann, der stets einen entsprechend programmierten Laptop bei sich hat.

Rot plus Grün ergibt Gelb

Sollten Sie – vielleicht noch in schulischen Wasserfarbenkasten-Zeiten – schon einmal rote mit grüner Farbe gemischt haben, wird das Ergebnis mit Sicherheit nicht Gelb gewesen sein. Und dennoch stimmt die Gleichung: Rot plus Grün ergibt Gelb. Allerdings trifft sie nicht auf herkömmliche Farben zu, sondern nur auf Licht, wie Sie es beispielsweise vom Fernsehbildschirm her kennen. Der setzt nämlich die ganze bunte Welt aus nicht mehr als drei Farben zusammen, was man sehr leicht erkennen kann, wenn man das Bild einmal ganz aus der Nähe oder gar durch eine Lupe betrachtet. Diese drei Grundfarben sind Rot, Grün und Blau, und über den ganzen Bildschirm verteilt findet man kleine Lichtpunkte, die sich bei genauem Hinsehen aus genau diesen drei Komponenten zusammensetzen. Je nachdem, mit welcher Helligkeit die drei Anteile jeweils strahlen, haben wir unterschiedliche Farbeindrücke. Leuchten alle gleich hell, erscheint uns der Bildpunkt weiß, leuchtet keiner, sehen wir im wahrsten Sinne des Wortes schwarz.

Dass sich die Entwickler des Colorfernsehens ausgerechnet für diese drei Farben entschieden haben, ist kein Zufall. Denn in der Netzhaut unserer Augen finden sich ebenfalls drei Typen von Lichtsinneszellen, die sogenannten Zapfen, und von denen spricht auch jeweils eine Sorte auf Rot, Grün und Blau an. Genaugenommen sehen wir die Welt also ebenfalls nur in diesen drei Grundfarben; alle anderen Buntempfindungen werden durch deren Mischung beziehungsweise Überlagerung erzeugt. Das geschieht allerdings nicht im Auge, sondern im Gehirn. Dort, im optischen Zentrum, werden die über den Sehnerv eingehenden Farbsignale der drei Zapfentypen zu komplexen Mustern und damit letztlich zu dem bunten Bild zusammengesetzt, das uns vertraut ist.

Womit wir endlich zu der eingangs aufgestellten Behauptung kommen, dass Rot und Grün Gelb ergibt. Wenn Sie sich nämlich einmal eine gelbe Fläche auf dem Farbfernseher aus nächster Nähe – wie gesagt, am besten mit einer Lupe – ansehen, werden Sie feststellen, dass dort tatsächlich nur die roten und grünen Farbpunkte leuchten. Somit werden in der Netzhaut unseres Auges ebenfalls nur die rot- und grünempfindlichen Zapfen erregt, und daraus komponiert unser Gehirn ein klares Farbsignal, das wir als leuchtendes Gelb wahrnehmen.

Man kann einen Kanister zusammenquetschen, ohne ihn zu berühren

Zugegeben: Wenn man einen Blechkanister, wie man ihn zum Beispiel als Behälter für Öl kennt, zu einem Haufen Blech zusammendrücken will, tut man das normalerweise, indem man sich einfach darauf stellt oder ihn mit einem Hammer bearbeitet. Doch es geht auch ganz ohne Gewalt: nur mit einer Wärmequelle und kaltem Wasser. Dazu erhitzt man den offenen Kanister zuerst einmal gründlich und schraubt dann den Deckel darauf, sodass der Behälter dicht verschlossen ist. Kippt man jetzt einen Eimer kaltes Wasser darüber, ziehen sich die metallenen Wände mit Macht nach innen, und binnen kurzem ist der Kanister nur noch ein unförmiges Gebilde aus Blech.

Zusammengequetscht hat ihn nichts anderes als der Luftdruck. Der ist normalerweise innen und außen gleich, so dass eine nach innen wirkende Kraft von einer gleich großen in Gegenrichtung ausgeglichen wird. Wenn man nun aber die Luft im Kanister erhitzt, dehnt sich diese aus, wobei ein Teil aus dem Behälter herausströmt. Solange die Temperatur der Luft hoch bleibt, sorgt der ausdehnungsbedingte Druckanstieg dafür, dass der Außendruck nicht wirksam werden kann. Wenn man den Kanister aber plötzlich abkühlt, zieht sich die Luft im Inneren zusammen, und dabei fehlt nun der vorher entwichene Gasanteil, mit der Folge, dass auf einmal – da der Behälter ja verschraubt ist und keine Luft eindringen kann – ein Unterdruck entsteht. Der äußere Luftdruck hat daher leichtes Spiel und presst den Blechbehälter gnadenlos zusammen, und zwar umso kraftvoller, je stärker man ihn vorher erhitzt und je mehr Luft man dadurch aus seinem Inneren herausgepresst hat.

Bierdeckel können einen Menschen anheben

Der einzige Zweck von Bierdeckeln scheint darin zu bestehen, von Flaschen und Gläsern herabtropfende Flüssigkeit aufzufangen und damit den – in der Regel hölzernen – Tisch zu schonen. Doch in den harmlosen Filzscheiben steckt eine verborgene Kraft. Falls Sie die einmal näher kennenlernen wollen, stapeln Sie Bierdeckel zu zwei etwa 30 Zentimeter hohen Türmen aufeinander, setzen je einen davon in eine flache Schüssel und stellen sich mit beiden Beinen darauf. Wenn Sie nun Wasser in die zwei Behälter schütten und ein paar Minuten warten, werden Sie sich fühlen wie in einem Minifahrstuhl, denn wie von Geisterhand werden Sie langsam, aber sicher hochgehoben. Natürlich müssen Sie sich nicht unbedingt selbst bemühen, sondern können stattdessen auch ein Gewicht auf einen Bierdeckelstapel stellen, den Sie von unten her bewässern. Sie werden staunen, wie hoch es steigt.

Nähmen Sie anstelle von Bierdeckeln beispielsweise Scheiben aus Glas oder Metall, so würde überhaupt nichts passieren, und das Gewicht würde bewegungslos auf seinem Niveau verharren. Denn für den erstaunlichen Hebeeffekt ist etwas verantwortlich, was zwar in den aus mehreren Papierlagen bestehenden Bieruntersetzern, nicht jedoch in kompakten Materialien wie Glas oder Metall vorhanden ist: mikroskopisch feine Röhrchen. Die saugen das Wasser in sich hinein, werden dadurch dicker und drücken das Gewicht, das auf ihnen lastet, nach oben.

Dass Wasser in engen Röhren automatisch hochsteigt, können Sie leicht ausprobieren, indem Sie ein dünnes Glasröhrchen in einen wassergefüllten Behälter tauchen. Je geringer dessen Innendurchmesser ist, desto weiter wird die Flüssigkeit darin in die Höhe wandern. Für diesen Effekt sind zwei Eigenschaften des Wassers verantwortlich, die Physiker »Kohäsion« und »Adhäsion« nennen. »Kohäsion« bedeutet so viel wie »Zusammenhalt« und bezeichnet die Eigenschaft der Wassermoleküle, infolge elektrischer Anziehungskräfte aneinander zu haften. (Wir haben davon schon im Zusammenhang mit dem Zahnpasta-Antrieb für Modellboote gesprochen, siehe Seite 16.) Mit »Adhäsion« – den Begriff kann man mit »Zusammenhang« übersetzen – meint man dagegen das Aneinanderhaften von Molekülen unterschiedlicher Materialien aufgrund molekularer Anziehungskräfte.

Wenn das Röhrchen nun ins Wasser gehalten wird, wirken auf die kleinsten Wasserteilchen innerhalb des Röhrchens beide Kräfte gleichzeitig, wobei diejenigen Moleküle, die unmittelbar mit der Glas- oder im Fall des Bierdeckels der Papierwand in Berührung kommen, naturgemäß von weniger benachbarten Molekülen angezogen werden als die weiter entfernten. Daher überwiegt bei den äußeren die Adhäsion, und sie drängen sich an der Röhrenwand zusammen und schieben sich daran gegenseitig nach oben. Je enger der Röhrenquerschnitt ist, desto stärker wirkt sich der Effekt aus.

Die Wirkung dieser »Kapillarkraft« ist zum Beispiel dafür verantwortlich, dass Wachs in einem Kerzendocht in Richtung Flamme steigt, und auch der Wassertransport in einem Baum von den Wurzeln bis hinauf in die Zweige und Blätter der Krone würde ohne diese Kraft nicht funktionieren. Und schließlich sorgt der Kapillareffekt auch für die Power, die das Wasser im Ackerboden nach oben drückt, wo es verdunstet, mit der Folge, dass der Boden nach und nach immer mehr austrocknet.

Schatten können farbig sein

Wenn die Sonne scheint, werfen sämtliche von ihr beschienenen Gegenstände, aber natürlich auch Tiere und Menschen, einen Schatten. Und wie wir alle schon vielfach gesehen haben, ist dieser, unabhängig von der Farbe des beschienenen Objekts, stets einheitlich dunkel. – Doch es gibt durchaus auch bunte Schatten! Voraussetzung für ihr Entstehen ist, dass ein Objekt gleichzeitig von mindestens zwei verschiedenfarbigen Lichtquellen angestrahlt wird. Im Experiment lässt sich der Effekt allerdings ohne weiteres auch mit einer einzigen Lichtquelle und davor angebrachten, unterschiedlich gefärbten Glasscheiben erzeugen.

Hält man beispielsweise eine Hand vor eine weiße Wand und bestrahlt sie gleichzeitig mit zwei etwas voneinander entfernt stehenden Lampen, von denen die eine rot und die andere grün leuchtet, so sieht man an der Wand neben dem dunklen Kern- noch zwei sich überlappende Halbschatten — und die erscheinen eindeutig in den beiden Lampenfarben. Dabei wird der rote Schatten erstaunlicherweise von der grünen und der grüne von der roten Lampe erzeugt. Warum das so ist, lässt sich anhand der Spektralfarben des Lichts erklären (es hat mit dem Ausblenden bestimmter Anteile zu tun); das würde hier jedoch zu weit führen.

Doch auch Sonnenlicht kann farbige Schatten werfen, wenn auch nicht in dem Ausmaß wie bunte Lampen. Denn bei der natürlichen Tagesbeleuchtung spielt sowohl die Aufhellung durch das Streulicht des Himmelblaus als auch die Farbe des Hintergrundes eine Rolle. Betrachtet man zum Beispiel den von der Sonne geworfenen Schatten ein und desselben Objektes einmal auf weißem Schnee und ein andermal an einer einfarbig gestrichenen Hauswand, so erkennt man unschwer, dass der Schatten an der Wand deutlich bläulicher wirkt als der auf dem Schnee.

Eckiges kann rollen

In der Geschichte der Menschheit hat es immer wieder revolutionäre Erfindungen gegeben, die für unsere Urahnen einen riesigen Entwicklungssprung bedeutet haben. Eine davon war zweifellos das Rad. Seit irgendein kluger Kopf entdeckt hat, dass schon zwei halbwegs runde, in der Mitte von einer gemeinsamen Achse durchbohrte Baumscheiben den Transport schwerer und sperriger Gegenstände mit minimalem Kraftaufwand ermöglichen, ist das Leben unserer Vorfahren gleichsam von einem auf den anderen Tag erheblich leichter geworden.

Doch genaugenommen muss ein Rad gar nicht rund sein, vielmehr kann auch ein Gefährt mit quadratischen Rädern vollkommen sanft voranrollen. Allerdings nicht auf einer normalen, ebenen Straße – da wird es ganz schön durchgeschüttelt –, sondern nur auf einem speziellen Untergrund in Form aneinandergereihter, halbrunder Bögen. Sind diese exakt so bemessen, dass die Strecke von einem Tiefpunkt zum nächsten genauso lang ist wie eine Seite des quadratischen Rades, so bleibt dessen Achse bei der Abrollbewegung stets auf gleicher Höhe, und das Vehikel rollt vollkommen ruhig dahin.

> **Wenn Sie eine Wette gewinnen wollen,**
> *… wetten Sie doch einmal mit einem Kfz-Mechaniker, ein Auto fahre auch mit quadratischen Rädern einwandfrei.*

Zwei Liter können weniger als zwei Liter sein

Schüttet man zwei Halblitergläser Bier zusammen, so benötigt man dafür mindestens einen Maßkrug, also ein Gefäß mit einem Fassungsvermögen von einem Liter, damit nichts überläuft. Etwas wissenschaftlicher ausgedrückt bedeutet das, dass sich die Volumina zweier Flüssigkeiten, die man miteinander vermischt, addieren. – Doch keine Regel ohne Ausnahme. Denn die Sache sieht ganz anders aus, wenn nur eine der beiden Flüssigkeiten Alkohol ist. Schüttet man davon einen Liter in dieselbe Menge Wasser und rührt gründlich um, so erhält man statt der erwarteten zwei nur etwa 1,9 Liter und damit immerhin den Inhalt von fünf Schnapsgläsern weniger.

Der Grund dafür liegt in den schon mehrfach erwähnten Wasserstoffbrücken, die sich aufgrund elektrischer Anziehungskräfte zwischen den Wasser- und den Alkoholmolekülen ausbilden und diese zwingen, enger zusammenzurücken, als wenn sie nur von ihresgleichen umgeben sind. Bildlich kann man sich das in etwa vorstellen wie das Zusammentreffen einer Gruppe Männer mit einer Gruppe Frauen. Sofern sich jeweils eine Dame und ein Herr sympathisch sind und sich beispielsweise an den Händen fassen (was bei den Alkohol- und Wassermolekülen den Wasserstoffbrücken entspricht), benötigen sie insgesamt deutlich weniger Platz als vorher. Allerdings hinkt der Vergleich insofern, als beim Alkohol-Wasser-Gemisch die beteiligten Partner nicht im Verhältnis eins zu eins vorliegen. Vielmehr kommen auf ein einziges Alkoholteilchen eine ganze Menge der erheblich kleineren Wassermoleküle.

Wenn Sie eine Wette gewinnen wollen ...

... wetten Sie mit einem Mathematiker, 1 + 1 ergebe keinesfalls immer 2.

Man kann aus einem Glas exakt die Hälfte herausschütten – ohne zu messen

Normalerweise ist es erforderlich, dass man von einer Flüssigkeit, deren Volumen man halbieren will, die genaue Menge kennt und dann die Hälfte ausmisst. Doch das Ganze geht auch viel einfacher. Dazu muss das Glas, dessen Inhalt man in zwei gleiche Portionen teilen will, nur zylindrisch und randvoll sein. Wenn man nun so lange Flüssigkeit herausschüttet, bis der Boden des Gefäßes gerade noch bedeckt ist, teilt die Oberfläche der Restmenge den Zylinder genau in zwei volumengleiche Teilkörper, das heißt, der Inhalt des Glases ist nur noch halb so groß wie vorher; man hat also exakt die Hälfte herausgekippt.

Mit nur drei Ziffern kann man eine Zahl mit 370 Millionen Stellen schreiben

Genaugenommen sind es 369.933.100, also fast 370 Millionen Stellen, die sich durch die Verknüpfung von nicht mehr als drei Ziffern ausdrücken lassen. Und es ist natürlich naheliegend, dass diese Ziffern allesamt die höchstmögliche, also die 9, sind. Die gewaltige Zahl ergibt sich als Ergebnis der Rechnung $(9^9)^9$, oder in Worten: 9 hoch 9 hoch 9. Am Computer mit Schriftgröße 12 geschrieben, ergäbe das Resultat ein Zahlenungetüm von mehr als 2000 Kilometern Länge!

Ein Ei passt durch einen Flaschenhals

Sicher werden Ihre Gäste ungläubig den Kopf schütteln, wenn Sie erklären, Sie würden jetzt gleich ein Ei unversehrt in eine Flasche hineinbugsieren, ohne darauf den geringsten

Druck auszuüben. Doch so unglaublich das klingt, es funktioniert tatsächlich. Sie müssen dazu nur eine nicht allzu enghalsige Flasche eine Weile mit heißem Wasser ausspülen und anschließend ein von der Schale befreites hartgekochtes Ei so auf die Öffnung legen, dass es diese vollkommen verschließt. Wenn Sie nun die Flasche mitsamt dem darauf platzierten Ei in kaltes Wasser stellen, werden Sie erstaunt beobachten, wie das Ei langsam in die Flasche hineinschlüpft und schließlich vollkommen darin verschwindet. Das klappt auch ohne kaltes Wasser, mit geht es jedoch deutlich schneller.

Verantwortlich für diesen Trick ist die in der Flasche befindliche Luft, die durch das heiße Ausspülen erhitzt wird und sich dabei ausdehnt. Dadurch entweicht ein Teil von ihr, und wenn der verbleibende Rest sich nun beim Erkalten zusammenzieht, fehlt die vorher ausgeströmte Menge, mit der Folge, dass sich in der Flasche ein Unterdruck bildet, der das elastisch verformbare Ei nach innen saugt. (Wir haben über diesen Effekt bereits im Zusammenhang mit dem zerquetschten Blechkanister gesprochen, siehe Seite 251.) Noch besser klappt der Trick, wenn man statt des heißen Wassers ein Stück brennendes Papier in die Flasche wirft. Dann erwärmen die Flammen die Luft im Inneren nicht nur, sondern entziehen ihr auch noch einen Teil des Sauerstoffs. Dadurch wird der Unterdruck noch ausgeprägter, und das Ei flutscht noch ein wenig schneller durch den engen Hals.

Mit den Steinen der Cheops-Pyramide kann man eine zwei Meter hohe Mauer um ganz Frankreich bauen

Im September 1798 unternahm der französische Feldherr Napoleon im Rahmen seines Ägyptenfeldzugs einen Ausflug zu den weltberühmten Pyramiden. Deren enorme Größe beeindruckte ihn derart, dass er nach einigen Minuten bedächtigen Abwägens eine gewagte Behauptung aufstellte: Mit den Steinen der Cheops-Pyramide, verkündete er kühn, sei es seiner Meinung nach möglich, eine zwei Meter hohe Mauer um ganz Frankreich herum zu bauen. Und damit hatte er tatsächlich recht. Denn die 146 Meter hohe und 230 Meter breite Pyramide besteht aus etwa 2,5 Millionen Kalksteinquadern, von denen jeder einzelne etwa 1 Meter lang, hoch und breit ist und ungefähr 2,5 Tonnen wiegt. Spaltet man diese Blöcke in jeweils drei zu rund 30 Zentimeter Dicke, so erhält man insgesamt 7,5 Millionen Stück, die hintereinander gereiht eine 1 Meter hohe Mauer von 7500 Kilometer Länge bilden. Legt man je 2 Steine aufeinander, so dass die Mauer 2 Meter hoch ist, so ist diese natürlich nur noch halb so lang, nämlich rund 3750 Kilometer. Das aber entspricht ziemlich exakt der Ausdehnung der französischen Grenze.

Wenn man bedenkt, dass Tausende und Abertausende von Arbeitern jeden einzelnen dieser gewaltigen Steinkolosse nicht nur durch die Ebene schleifen, sondern – mit nach heutigen Begriffen primitiven Hilfsmitteln – auch noch immer höher transportieren und präzise aufeinander schichten mussten, wird annähernd deutlich, welch geradezu übermenschliche Leistung die Ägypter beim Bau der Pyramide erbringen mussten. Wie viele von ihnen dabei ihr Leben ließen, kann man nur vermuten.

Zähne –
Verblüffendes in aller Munde

Auch tote Zähne schmerzen

Man liegt nachts im Bett und es ist, als ob im Kopf ein Presslufthammer tobt. Wellen pochender Schmerzen jagen durch den Kiefer, jede Berührung der Zähne löst eine dröhnende Explosion aus. Tabletten helfen nicht, allenfalls bringt kaltes Wasser ein wenig Linderung. An Schlafen ist absolut nicht zu denken. Dann, am nächsten Morgen, nichts wie hin zum Zahnarzt! Der macht eine Röntgenaufnahme und hält ein mit Eisspray gekühltes Wattekügelchen an den verdächtigen Zahn. Und jetzt kommt die große Überraschung: Keinerlei Reaktion! Ja, gibt's denn das? Der Doktor nickt bedächtig und erklärt, die Sache sei eindeutig, der schuldige Zahn sei tot. Aber der hat doch die ganze Nacht rumort, dass es kaum auszuhalten war; dann kann er doch nicht tot sein?

Doch, das kann er sehr wohl. Der Grund des Missverständnisses liegt darin, dass ein Zahn dann »tot« ist, wenn in seinem Inneren das Geflecht aus Nerven und Blutgefäßen – der Mediziner spricht von »Pulpa« – abgestorben ist. Dann reagiert er nicht mehr auf Kälte, und wenn der Zahnarzt den Bohrer ansetzt, ist logischerweise absolut nichts zu spüren. Doch die tote Pulpa stellt einen idealen Nährboden für Bakterien dar, die sich darin ungehemmt vermehren und das Gewebe schließlich faulig zersetzen (man nennt das »Gangrän«). Nimmt der Zahnarzt in diesem Stadium mit einer feinen Nadel ein wenig zerfallenes Gewebe heraus, stinkt das fürchterlich.

Das Ganze wäre jedoch gar nicht weiter schlimm, wenn der Zahn nicht an der Wurzelspitze ein kleines Loch hätte, durch das normalerweise Nerven und Blutgefäße eintreten und das nun für die Bakterien ein offenes Tor darstellt, durch das sie in den umgebenden Kieferknochen vordringen. Dieser wehrt sich gegen den Ansturm der Mikroben mit einer massiven Abwehrreaktion, einer Entzündung, in deren Verlauf das Knochengewebe um die Wurzelspitze sogar eitrig einschmelzen kann. In einem solchen Fall sagt man umgangssprachlich: »Der Zahn sitzt auf Eiter.« Und eine derartige Knochenentzündung an der Wurzelspitze verursacht nicht selten derart starke, heftig klopfende und sich über den ganzen Kopf ausbreitende Schmerzen, dass für den armen Betroffenen an Nachtschlaf beim besten Willen nicht zu denken ist.

Zähneputzen schützt vor Herzinfarkt

Regelmäßiges und sorgfältiges Zähneputzen hilft nachweislich nicht nur gegen Karies (Zahnfäule), sondern auch gegen Zahnbetterkrankungen, die man landläufig unter dem Begriff »Parodontose« zusammenfasst. Und zwar deshalb, weil man bei der intensiven Reinigung höchst wirksam schädliche Bakterien von Zähnen und Zahnfleisch entfernt, unter anderem diejenigen, die sich in Zahnfleischtaschen – krankhaft vertieften Spalträumen um den Zahn herum – ansiedeln und dort massive Entzündungen auslösen. Die dabei ablaufenden Abbauvorgänge führen auf Dauer nicht nur dazu, dass der Zahn immer lockerer wird und schließlich ausfällt, sondern haben daneben noch eine weitere überaus fatale Eigenschaft: Sie dringen in Blutgefäße ein und setzen sich an deren Wänden fest. Das hat wiederum eine massive Verdickung der Gefäßwände, also eine zunehmende innere Arterienverstopfung zur Folge, und diese kann, wenn die Herzkranzgefäße betroffen sind, einen Herzinfarkt beziehungsweise bei Befall des Gehirns einen Schlaganfall auslösen.

Dass zwischen diesen lebensbedrohlichen Ereignissen und Zahnbetterkrankungen tatsächlich ein unmittelbarer Zusammenhang besteht, haben amerikanische Forscher bewiesen, die bei 657 Personen die Menge der Bakterien im Zahnbelag maßen. Je mehr sich davon auf Zähnen und Zahnfleisch und vor allem in besagten Taschen tummelten, desto dicker waren die – per Ultraschall gemessenen – Wände der Halsschlagader. Dieser Zusammenhang bestand auch dann, wenn die Wissenschaftler bei ihren Messungen andere mögliche Ursachen wie einen erhöhten Cholesterinspiegel oder zu hohen Blutdruck berücksichtigten.

»Zahnfleischerkrankungen lassen sich vermeiden«, sagt dazu der Studienleiter Moise Devarieux. »Dazu bedarf es lediglich einer guten Mundhygiene. Diese dient nicht nur dem Erhalt des natürlichen Gebisses, sondern hat obendrein einen beträchtlichen Einfluss auf die Gesundheit von Herz und Kreislauf.«

Wer sich also morgens und abends gründlich die Zähne putzt, erspart sich nicht nur teuren Zahnersatz, sondern verringert damit auch maßgeblich das Risiko, einen lebensbedrohlichen Herzinfarkt oder Schlaganfall zu erleiden.

> **Wenn Sie etwas für Herz und Kreislauf tun wollen, aber keine Lust haben zu joggen oder Rad zu fahren,**
> *... putzen Sie sich wenigstens gründlich die Zähne.*

Zähneputzen kann die Zähne schädigen

Oben war die Rede davon, dass sowohl Karies als auch Zahnfleischerkrankungen kein unabwendbares Schicksal sind, sondern sich durch sorgfältige Mundhygiene, also vor allem durch systematisches und intensives Zähneputzen vermeiden lassen. Doch mit derartigen Pflegemaßnahmen tut man seinen Zähnen nicht immer nur Gutes, sondern kann sie sogar massiv beschädigen.

Diese Gefahr besteht einerseits, wenn man sie zum falschen Zeitpunkt putzt und andererseits, wenn man ihnen mit zu viel Kraft zu Leibe rückt. Idealerweise reinigt man sie dreimal täglich, und zwar grundsätzlich nach den Mahlzeiten (auch nach dem Frühstück!). Nun enthalten aber zahlreiche Nahrungsmittel, die wir zu uns nehmen, mehr oder minder starke Säuren, die den Zahnschmelz oberflächlich angreifen. Traktiert man eine solche, gleichsam chemisch aufgeraute Oberfläche nun auch noch mit den Borsten einer Zahnbürste, so löst man leicht kleine Partikel heraus und verursacht damit Schäden, die sich nicht mehr reparieren lassen. Da sich der Zahnschmelz, wenn man ihn in Ruhe lässt, aber von dem Säureangriff relativ schnell wieder erholt, sollte man nach einer Mahlzeit etwa eine halbe Stunde mit dem Zähneputzen warten.

Den zweiten entscheidenden Fehler, mit dem man die

Zähne bei der Reinigung massiv beschädigen kann, begeht man, wenn man zu fest aufdrückt und dabei vielleicht auch noch eine Bürste mit besonders harten Borsten oder gar eine Zahnpasta verwendet, von der die Werbung behauptet, sie mache die Zähne weißer. Denn sowohl zu kräftiges Aufdrücken als auch die in derartigen Pasten stets enthaltenen Schleifkörper hinterlassen im Zahnschmelz auf Dauer regelrechte Kratzer, die mit der Zeit immer tiefer werden. Und wenn erst einmal die darunter liegende, relativ weiche Schicht des Zahnes erreicht ist, scheuert man leicht tiefe Kerben und Krater hinein.

Fazit: Zähne regelmäßig und gründlich putzen, aber niemals unmittelbar nach einer Mahlzeit und weder zu kräftig noch mit einer zu harten Bürste oder gar einer unnötig aggressiven Zahnpasta!

Manche Tiere haben Zähne im Hintern

Seegurken – ebenso unscheinbare wie phlegmatische Gesellen auf dem Meeresgrund – haben ein Problem: Immer wieder versuchen junge Eingeweidefische, über den After in ihren Körper einzudringen und sich an ihren Innereien gütlich zu tun. Zwar sind die zu den Stachelhäutern zählenden Tiere erstaunlich lange in der Lage, die von ihren Quälgeistern angebissenen Organe zu regenerieren, ja, sie können sogar Teile ihrer Eingeweide nach außen stülpen und einfach »abwerfen«, aber wenn ihnen die Angreifer ein ums andere Mal schwerste Verletzungen zufügen, sind sie damit irgendwann überfordert und gehen jämmerlich zugrunde. Zudem beansprucht die fortwährende Neubildung der von den gefräßigen Fischen verspeisten Innereien derart viel Energie, dass die Seegurken kaum noch zu anderen Aktivitäten in der Lage sind und – still vor sich hinleidend – immer schwächer werden, bis sie schließlich verenden.

Deshalb haben sie sich im Lauf der Evolution etwas einfallen lassen, um den unliebsamen Peinigern das Eindringen so schwer wie möglich zu machen: Ihnen sind rings um ihren ansonsten ungeschützten Darmausgang fünf messerscharfe Kalkzähnchen gewachsen. Mit diesen fügen sie den aufdringlichen und zudem offenbar ahnungslosen Gästen zum Teil massive »Bisswunden« zu, an denen diese nicht selten sogar qualvoll eingehen. Zähne im Hintern – eine im Tierreich einmalige Abwehrmaßnahme.

Zwillinge –
Sicher ist nur die Mutter

Zwei am selben Tag geborene Kinder eines Ehepaares müssen keine Zwillinge sein

Fragen Sie einmal Ihre Freunde, ob es ihrer Meinung nach denkbar ist, dass zwei Kinder, die am selben Tag am selben Ort zur Welt gekommen sind und dieselben Eltern haben, trotzdem keine Zwillinge sind. Mit ziemlicher Sicherheit werden Sie bei den Befragten erstaunte Blicke und heftiges Kopfschütteln auslösen und schließlich zur Antwort bekommen, nein, das sei absolut nicht möglich.

Und doch ist es das. Denn Sie haben ja mit keinem Wort behauptet, dass die beiden Kinder nicht noch mehr Geschwister haben. Ist das aber der Fall, dann ist es durchaus möglich, dass ein weiterer Bruder oder eine weitere Schwester ebenfalls am selben Tag das Licht der Welt erblickt hat. Na, dämmert's? Ja klar: Die beiden Kinder sind zwei von drei Drillingen (oder Vierlingen oder Fünflingen und so weiter).

Zwillinge können unterschiedliche Väter und Hautfarben haben

Zweieiige Zwillinge entstehen, wenn beim Eisprung einer Frau gleich zwei reife Eizellen in ihre Eileiter gelangen, wo sie dann unabhängig voneinander durch männliche Spermien befruchtet werden. Die daraus hervorgehenden Babys sind daher Geschwister, die sich von anderen Brüdern und Schwestern nur dadurch unterscheiden, dass sie gleichzeitig im Körper ihrer Mutter heranwachsen und unmittelbar nacheinander geboren werden. Deshalb können sie, wie alle anderen Geschwister auch, ohne weiteres unterschiedlichen Geschlechts sein und sich vollkommen verschieden entwickeln.

Was sie natürlich stets gemeinsam haben, ist ihre Mutter – aber erstaunlicherweise nicht unbedingt ihren Vater. Zwar erfolgt die Befruchtung der beiden weiblichen Eizellen in der Regel durch die Spermien eines einzigen Mannes, aber eben nur in der Regel. Es ist nämlich tatsächlich schon vorgekommen, dass eine Frau kurz nacheinander mit zwei verschiedenen Männern Geschlechtsverkehr hatte, wobei eine Eizelle von den Samenfäden des einen und die zweite von denjenigen des anderen befruchtet wurde. Dabei muss es ja nicht immer so krass kommen, wie bei der Mutter, von deren Zwillingen das eine dunkel- und das andere hellhäutig war, weil sie unmittelbar, nachdem sie mit einem Weißen sexuellen Kontakt hatte, auch mit einem Farbigen intim war.

Es gibt eineinhalbeiige Zwillinge

Wie bereits erklärt, entstehen zweieiige Zwillinge dadurch, dass bei einer Frau ausnahmsweise nicht nur eine einzige, sondern gleich zwei reife Eizellen von männlichen Spermien befruchtet werden. Insofern sind zweieiige Zwillinge nichts anderes als zur selben Zeit geborene Geschwister, die sich eben so weit ähneln, wie das auch bei anderen Geschwistern der Fall ist. Dagegen kommt es zu eineiigen Zwillingen, wenn sich der aus einer befruchteten Eizelle hervorgegangene Keimling in einem sehr frühen Teilungsstadium in zwei getrennte Embryonen spaltet, die sich dann beide zu einem vollständigen Baby entwickeln. Da diese exakt dieselben Erbanlagen besitzen, sind eineiige Zwillinge genetisch vollkommen identisch und mithin Klone. Kein Wunder also, dass man sie kaum auseinanderhalten kann.

Nun haben amerikanische Wissenschaftler aber von Zwillingen berichtet, die vor einigen Jahren zur Welt gekommen sind und weder ein- noch zweieiig waren, sondern gleichsam eine Mischform zwischen diesen beiden Formen darstellten. Sie hatten zwar von ihrer Mutter identische Erbinformationen mitbekommen, diejenigen ihres Vaters waren jedoch unterschiedlich. Die Forscher gehen davon aus, dass in diesem extrem seltenen Fall gleich zwei väterliche Spermien dieselbe mütterliche Eizelle befruchtet haben, woraufhin sich diese – wie bei der Entstehung eineiiger Zwillinge – in zwei selbständige Zellen bzw. Embryos teilte, die dann nebeneinander heranwuchsen.

Dass bei der Befruchtung gleich zwei Spermien in die weibliche Eizelle eindringen, wird normalerweise durch sinnreiche biochemische Abwehrmechanismen verhindert, kommt aber hin und wieder vor. Doch normalerweise sind die daraus entstehenden Embryos nicht lebensfähig und sterben rasch ab. Nur ganz selten wird einmal ein Kind geboren, das auf diese Weise entstanden ist und dessen Zellen daher zwei unterschiedliche genetische Informationen – zwar mütterlicherseits identisch, aber mit zwei differierenden väterlichen Varianten – aufweisen. Solche Kinder sind dann selbstverständlich Zwillinge, aber weder ein- noch zwei-, sondern eben eineinhalbeiige.

Eineiige Zwillinge können Junge und Mädchen sein

Wie erläutert, entstehen eineiige Zwillinge aus einer einzigen Eizelle, die sich in einer sehr frühen Teilungsphase spaltet und zu zwei getrennten Embryos entwickelt. Da diese genetisch vollkommen identisch sind, haben sie zwangsläufig auch dasselbe Geschlecht, sind also entweder beide Mädchen oder beide Jungen. In seltenen Fällen kann es jedoch vorkommen, dass eineiige Zwillinge unterschiedlichen Geschlechts geboren werden.

Das ist dann der Fall, wenn einem der beiden Embryos bei der frühen Teilung das Y-Chromosom abhanden kommt. Da Personen männlichen Geschlechts in ihren Zellen ein X- und ein Y-Chromosom aufweisen (man spricht vom Genotyp XY), während für Mädchen und Frauen zwei X-Chromosomen charakteristisch sind (Genotyp XX), führt der Verlust des Y-Chromosoms dazu, dass einer der beiden heranwachsenden Keimlinge ganz normal ein XY-Junge wird, während der andere nur noch ein einziges Geschlechtschromosom, nämlich das übriggebliebene X-Chromosom, besitzt. Damit ist das daraus hervorgehende Baby äußerlich ein Mädchen (Genotyp X0), leidet aber in der Folge unter dem sogenannten »Turner-Syndrom«, das durch das Vorliegen nur eines einzigen X-Chromosoms gekennzeichnet ist. Die Betroffenen sind auffallend klein, erleben keine Pubertät und bleiben daher zeitlebens unfruchtbar. Trotzdem sind sie natürlich eindeutig Frauen.

Eineiige Zwillinge haben unterschiedliche Fingerabdrücke

Auch heute, in einer Zeit, in der der sogenannte »genetische Fingerabdruck« immer mehr an Bedeutung gewinnt, spielt die ursprüngliche Variante des realen Fingerabdrucks in der Kriminalistik bei der Verfolgung und Identifikation von Tatverdächtigen noch immer eine wichtige Rolle. Schließlich gibt es die Hautrillen, -leisten, -bögen und -haken an den Fingerkuppen in derart vielen unterschiedlichen Ausprägungen, dass keine zwei Menschen auf der Erde exakt dasselbe Muster aufweisen. Und dieses Muster lässt sich praktischerweise nicht nur problemlos sichtbar machen, sondern auch elektronisch erfassen und in Computerdateien speichern, so dass es in Minutenschnelle mit Millionen anderer Abdrücke verglichen werden kann.

Doch wie ist das mit eineiigen Zwillingen? Die sind doch genetisch absolut identisch und ähneln sich deshalb nicht nur wie ein Ei dem anderen, sondern sind sich auch sonst oft sehr wesensgleich? Können sie nicht sogar dem jeweils anderen eine Niere spenden, ohne dass nach deren Verpflanzung mit Abstoßungsreaktionen zu rechnen ist? Dann müssten sie doch auch völlig identische Fingerabdrücke haben.

Müssten sie vielleicht, haben sie aber nicht. Tatsächlich kann das menschliche Immunsystem, das sonst mühelos körperfremdes Gewebe anhand bestimmter molekularer Zellmerkmale erkennt und zerstört, Organe eineiiger Zwillinge nicht voneinander unterscheiden; ihre biochemischen »Aus-

weise« sind absolut dieselben. Und dennoch bestehen bei
den Fingerabdrücken markante Unterschiede. Zwar weisen
sie mehr gemeinsame Merkmale auf als diejenigen anderer
Personen, doch vollkommen identisch sind sie nicht.

Schuld daran sind nach neuesten biologischen Erkenntnissen sogenannte »epigenetische Marker«, die an der Erbsubstanz DNA angebracht sind und wie winzige molekulare
Schalter einzelne Gene an- oder abschalten. Deshalb sind bei
eineiigen Zwillingen unterschiedliche Erbanlagen aktiv, und
die bringen eben auch differierende körperliche Ausprägungen hervor. Hinzu kommt, dass von den beiden Varianten
eines Gens – je eines von Vater und Mutter – oft nur ein einziges »abgelesen« und in erkennbare Merkmale umgesetzt
wird. Ob es sich dabei um das mütterliche oder väterliche
Exemplar handelt, scheint vollkommen zufällig zu sein.
Schließlich spielt noch die Tatsache eine Rolle, dass manche
Gene die körperlichen Kennzeichen, die in ihnen program-
miert sind, nur relativ grob steuern, während die endgültige
Ausprägung letztlich eher zufallsbedingt ist.

Tatsächlich erweist sich bei genauem Hinsehen, dass sich
eineiige Zwillinge auch in anderen körperlichen Merkma-
len unterscheiden: in der Form der Lidspalten beispielsweise
oder bei Pigmentflecken, die bei beiden Geschwistern weder
alle dieselbe Größe und Form aufweisen noch an exakt derselben Stelle sitzen. Fingerabdrücke machen da keine Ausnahme, ja, bei ihnen sind die Unterschiede sogar noch ausgeprägter, weil neben den epigenetischen Markierungen des
Erbguts auch noch Einflüsse während der Embryonalent-
wicklung eine maßgebliche Rolle spielen. Das komplizierte
Muster aus parallelen, sich kreuzenden und verwirbelten
Leisten und Rillen formt sich nämlich erst im Lauf der ersten
vier Schwangerschaftsmonate nach und nach aus und wird

dabei von einer Vielzahl komplexer Faktoren innerhalb der Gebärmutter beeinflusst. Danach erfolgen praktisch keine Veränderungen mehr, das heißt, die Fingerabdrücke bleiben von nun an bis ans Lebensende exakt dieselben. Selbst nach Verletzungen der Fingerkuppenhaut wächst wieder genau das gleiche Muster nach.

Wenn ein Verbrecher also aufgrund seiner individuellen Fingerabdrücke gefasst und verurteilt wird, kann er selbst dann nicht glaubhaft behaupten, jemand anderer habe die Tat begangen, wenn dieser Jemand sein eineiiger Zwillings-bruder ist.

Quellen

Ankowitsch C., Schneider C.: Dr. Ankowitschs Kleines Konversations-Lexikon. Eichborn-Verlag Frankfurt, 2004

Ankowitsch C., Gronau E.: Dr. Ankowitschs Kleines Universal-Hand-buch. Eichborn-Verlag Frankfurt, 2005

Ash R.: Unvergleichliche Vergleiche. C. Bertelsmann-Verlag München, 1997

Ash R.: 1001 Fakten, Zahlen und Rekorde. Arena-Verlag Würzburg, 1999

Ash R.: Top Ten 2001. Dorling-Kindersley-Verlag München, 2000

Bartens W.: Das neue Lexikon der Medizin-Irrtümer. Eichborn-Verlag Frankfurt, 2006

Bartens W.: Lexikon der Medizin-Irrtümer. Eichborn-Verlag Frank-furt, 2004

Bauer E.: Humanbiologie. Cornelsen-Verlag Berlin, 2000

Bergamin F.: Zwillinge zwischen ein- und zweieiig. In: Bild der Wis-senschaft v. 28. 03. 2007, siehe auch: www.wissenschaft.de

Bodingbauer L., Torreiter S.: Dr. Bodingbauers Sammelsurium physi-kalischer Besonderheiten. Pichler-Verlag Wien, 2006

Boning W., Eligmann B.: Clever – Das Wissensbuch Band 1. Rowohlt-Taschenbuch-Verlag Reinbek, 2006

Boning W., Eligmann B.: Clever – Das Wissensbuch Band 2. Rowohlt-Taschenbuch-Verlag Reinbek, 2007

Bördlein C.: Das sockenfressende Monster in der Waschmaschine – Eine Einführung ins skeptische Denken. Alibri-Verlag Aschaffenburg, 2002

Borré M., Reintjes T.: Warum Frauen schneller frieren. C. H. Beck-Verlag München, 2005

Brand I.: Unglaubliche Erscheinungen – Wenn's Fische regnet und Steine wandern. Weltbild-Verlag Augsburg 1992

Brater J.: Kuriose Welt in Zahlen. Eichborn-Verlag Frankfurt, 2005

Brater J.: Lexikon der rätselhaften Körpervorgänge. Eichborn-Verlag Frankfurt, 2002

Brater J.: Lexikon der Sexirrtümer. Eichborn-Verlag Frankfurt, 2003

Brefeld W.: Gespanntes Seil um den Äquator. In: www.brefeld.homepage.t-online.de/seil.html

Bublath J.: Das knoff-hoff-Buch. G + G Urban-Verlag München, 1987

Bublath J.: Das knoff-hoff-Buch 2. G + G Urban-Verlag München, 1988

Bublath J.: Verblüffende Experimente aus der Naturwissenschaft. Falken-Verlag Niedernhausen, 1991

Bublath J.: 100 x Knoff-hoff. Heyne-Verlag München, 1995

Burke J.: Gutenbergs Irrtum und Einsteins Traum. Piper-Verlag München, 2001

Cerutti H.: Von Tieren – Lungenfisch im Sommerschlaf. In: NZZ folio 03/03, siehe auch: www.nzzfolio.ch

Dennis J.: Wenn es Frösche und Fische regnet. Marix-Verlag Wiesbaden, 2005

Desvarieux M. et al.: Periodontal microbiota and carotid intima-media thickness – The oral infections and vascular disease epidemiology study. In: Circulation 111 (5), 2005

Drösser Ch.: Stimmt's? – Moderne Legenden im Test - Folge 1. Rowohlt-Taschenbuch-Verlag Reinbek, 1998

Drösser Ch.: Stimmt's? – Moderne Legenden im Test - Folge 2. Rowohlt-Taschenbuch-Verlag Reinbek, 2000

Drösser Ch.: Stimmt's? – Moderne Legenden im Test - Folge 3. Rowohlt-Taschenbuch-Verlag Reinbek, 2004

Drösser Ch.: Stimmt's? – Moderne Legenden im Test - Folge 4. Rowohlt-Taschenbuch-Verlag Reinbek, 2005

Dubben H., Beck-Bornholt H.: Der Schein der Weisen – Irrtümer und Fehlurteile im täglichen Denken. Rowohlt-Taschenbuch-Verlag Reinbek, 2003

Dubben H., Beck-Bornholt H.: Mit an Wahrscheinlichkeit grenzender Sicherheit. Rowohlt-Taschenbuch-Verlag Reinbek, 2005

Epstein L.: Denksport Physik – Fragen und Antworten. DTV-Verlag München, 2006

Eckert N.: Der schrille Schrei. In: Bild der Wissenschaft 9, 2007

Erfurth U.: Zähne im Hintern. In: www.taucher.net

Farkas V.: Unerklärliche Phänomene – Jenseits des Begreifens. Bechtermünz-Verlag Augsburg, 1997

Farkas V.: Jenseits des Vorstellbaren – Der neue Reiseführer durch unsere phantastische Realität. Kopp-Verlag Rottenburg, 2006

Farkas V.: Rätselhafte Wirklichkeiten. Kopp-Verlag Rottenburg, 2007

Fastl H., Patsouras C.: Das rote Auto ist lauter! In: Forschung 2, 2004

Fischinger L.: Wenn es Tiere regnet. In: http://www.freenet.de/free-net/wissenschaft/paranormal/mystery/tierregen/index.html

Fisher L.: Reise zum Mittelpunkt des Frühstückseis – Streifzüge durch die Physik der alltäglichen Dinge. Campus-Verlag Frankfurt, 2003

Fisher L.: Der Versuch, die Seele zu wiegen – und andere Sternstunden von Forschern und Fantasten. Campus-Verlag Frankfurt, 2005

Frankenfeld T.: Wenn Männer schwanger werden. In: Hamburger Abendblatt v. 26. 06. 2007, siehe auch: www.abendblatt.de

Froböse R.: Wenn Frösche vom Himmel fallen – Die verrücktesten Naturphänomene. Wiley-VCH-Verlag Weinheim, 2007

Fuld W.: Das Lexikon der Wunder. Eichborn-Verlag Frankfurt, 2003

Gehrmann A.: Katastrophale Zeiten für Jungen. In: Bild der Wissenschaft v. 24. 01. 2006 , siehe auch: www.wissenschaft.de

Gööck R.: Die letzten Rätsel dieser Welt. Weltbild-Verlag Augsburg 1994

Groß M.: Exzentriker des Lebens – Zellen zwischen Hitzeschock und Kältestress. Spektrum Akademischer Verlag Heidelberg, 2002

Gruber W.: Unglaublich einfach, einfach unglaublich. ecowin-Verlag Salzburg, 2006

Habek R.: Rätselhafte Phänomene – Mysterien, Mythen, Menschheitsrätsel. Tosa-Verlag Wien, 2004

Haefs H.: Handbuch des nutzlosen Wissens. DTV-Verlag München, 1998

Haefs H.: Das ultimative Handbuch des nutzlosen Wissens. DTV-Verlag München, 1998

Harder B.: Warum machen Querstreifen dick? Knaur-Taschenbuch-Verlag München, 2007

Haverkamp: Profilon AX A1 – durchwurfhemmende Sicherheitsfolie. Merkblatt der Firma Haverkamp Münster, 2007

Hebold M. et al.: Testikuläre Feminisierung mit Vaginalaplasie – eine Indikation zur Kolponeopoese. In: www.laekb.de

Heinke N.: Das Y ist grau, das A ist rot. In: FAZ.NET v. 19.05.2002

Herrmann L.: Schwangere Männer keine Zukunftsmusik mehr. In: http://www.pappa.com/Maenner/schwangr.htm

Hess J.: Große Stubenfliege – summende Hausgenossen. In: Die Weltwoche v. 24.09.2003, siehe auch: www.weltwoche.ch

Höcker R.: Lexikon der Rechtsirrtümer. Ullstein-Taschenbuch-Verlag Berlin, 2004

Höcker R.: Neues Lexikon der Rechtsirrtümer. Ullstein-Taschenbuch-Verlag Berlin, 2005

Holtmann M.: Die größten Geheimnisse im Reich der Tiere. Oz-Verlag Rheinfelden, 2001

Horackova J. et al.: Die Geheimnisse der Tierwelt. Karl-Müller-Verlag Erlangen, 1990

Hövelmann K.: 1000 unerklärliche Phänomene. Loewe-Verlag Bindlach, 1999

Hövelmann K.: Das neue Lexikon des Unerklärlichen. Bassermann-Verlag München, 1998

Ingram J.: Die Geschwindigkeit des Honigs – Ungewöhnliche Erkenntnisse aus der Physik des Alltags. Piper-Verlag München, 2006

Ingram J., Neubauer J.: Das Gedächtnis der Kellnerin – Kuriose Geschichten aus der Wissenschaft. Campus-Verlag Frankfurt, 2006

Jargodzki C., Potter F.: Singender Schnee und verschwindende Elefanten – Physikalische Rätsel und Paradoxien. Reclam-Verlag Ditzingen, 2008

Jargodzki C., Potter F.: Wie man ein Sandkorn zum Mond rollt. Reclam-Verlag Ditzingen, 2007

Jargodzki C., Potter F.: Wie man Gurken zum Glühen bringt – Physikalische Rätsel und Paradoxien. Reclam-Verlag Ditzingen, 2007

Kachelmann J., Drösser C.: Das Lexikon der Wetterirrtümer. Rowohlt-Taschenbuch-Verlag Reinbek, 2006

Kast B.: Konzert der Synapsen. In: Der Tagesspiegel v. 20.02.2006, siehe auch: www.tagesspiegel.de

Köthe R.: Warum Liebe durch die Nase geht ... und weitere 222 Kuriositäten aus der Natur. Ullstein Verlag Berlin, 2006

Krämer W., Trenkler G.: Lexikon der populären Irrtümer. Eichborn-Verlag Frankfurt, 1996

Krämer W., Trenkler G.: Das neue Lexikon der populären Irrtümer. Eichborn-Verlag Frankfurt, 1998

Kruszelnicki K.: Dr. Karls neue Geschichten aus der Wissenschaft – oder warum Hühner nicht auf Pink Floyd stehen. Piper-Verlag München, 2006

Kruszelnicki K., Friese F.: Wie Telefone Fische fangen – Dr. Karls kuriose Geschichten aus der Wissenschaft. Piper-Verlag München, 2004

Lauer P.: Populäre Irrtümer der Menschheit – 350 Halbwahrheiten richtiggestellt. Voltmedia-Verlag Paderborn, 2004

Lehnen-Beyel I.: Hilfeschreie und Lockangebote aus dem Grünen. In: Bild der Wissenschaft, 22.08.2007, siehe auch: www.wissenschaft.de

Leuthner R.: Unbekanntes Wissen. Gondrom-Verlag Bindlach, 2006

Linder: Biologie. Schrödel-Verlag Hannover, 1998

Lubbadeh, J.: Schlanke Nichtraucher kommen dem Staat teurer als Dicke und Raucher. In: www.spiegel.de v. 05.02.2008

Ludwig M., Kögel F.: Natur – Rätsel, Fakten und Rekorde. blv-Verlag München, 2005

McCann J.: Forget resistance exercises, think yourself strong. In: www.neurology-reviews.com

Miersch M.: Das bizarre Sexualleben der Tiere. Eichborn-Verlag Frankfurt, 1999

Morris S.: Rätsel für Tüftler und Denker. Dumont-Verlag Köln, 2006

Muckenfuß H.: Farbige Schatten als didaktischer Zugang zur Farbenlehre. In: http://www.univie.ac.at/pluslucis/FBW0/FBW2008/Material/Muckenfuss_Wien_2008/Workshop_Optik/03Aufsaetze_Optik/DGAO_Proceedings_Schatten.pdf

Müller R., Scholl W.: Physikalische Denkspiele. Econ-Taschenbuch-Verlag Berlin, 1988

O'Hare M.: Warum fallen schlafende Vögel nicht vom Baum? – Wunderbare Alltagsrätsel. Piper-Verlag München, 2002

O'Hare M.: Was macht die Mücke beim Wolkenbruch – Neue wunderbare Alltagsrätsel. Piper-Verlag München, 2003

Nagel D., Filippi A.: Halitophobie – ein unterschätztes Krankheitsbild. In: Zahnärztliche Mitteilungen v. 01. 03. 2006, siehe auch: www.zm-online.de

Osterkamp J.: Bakterielle Elektroschocker. In: Spektrumdirekt, Juni 2005

Pollmer U., Warmuth S.: Lexikon der populären Ernährungsirrtümer. Eichborn-Verlag Frankfurt, 2000

Pollmer U., Warmuth S., Frank G.: Lexikon der Fitness-Irrtümer. Eichborn-Verlag Frankfurt 2003

Pollmer U.: Wenn die Milch das Wasser fühlt. In: Natur und Kosmos 04, 1999

Pöppelmann C.: Die neuen Irrtümer der Allgemeinbildung. Compact-Verlag München, 2006

Pöppelmann C.: 1000 Irrtümer der Allgemeinbildung. Compact-Verlag München, 2007

Preiß R.: Können Menschen mit langen Beinen schneller laufen als Menschen mit kurzen Beinen? In: www.wissenschaft-im-dialog.de v. 21. 5. 2008

Rehwald F.: Brennende Autos explodieren nie. In: www.spiegel.de, 27. April 2005

Robinson R., Bauer T.: Warum der Toast immer auf die Butterseite fällt und auch sonst alles schief geht. Goldmann-Verlag München, 2007

Sasse D.: Auch tote Klapperschlangen beißen. In: www.bnfg.de/snakehouse/ticker.htm

Schmid U.: 400 populäre Irrtümer über Pflanzen und Tiere – Von blühenden Algen, diebischen Elstern und singenden Seekühen. Kosmos-Verlag Stuttgart, 2005

Schmitt C.: Beißen oder gebissen werden. In: Die Zeit Nr. 36, 2003, siehe auch: www.zeit.de

Schöbi K.: Coole Nachbarschaft. In: Bild der Wissenschaft v. 03. 05. 2005, siehe auch: www.wissenschaft.de

Schönhacker S.: Kohlenmonoxid. In: www.gefahren-abc.info

Schott B.: Schotts Sammelsurium. Bloomsbury-Verlag Berlin, 2004

Stahr A.: Wen wundert's? In: www.tk-logo.de

Symons M.: Wussten Sie schon …? Goldmann-Verlag München, 2004

Symons M.: Wussten Sie das auch schon …? Goldmann-Verlag München, 2005

Titz S.: Rasender Schutt im All. In: Astronomie heute 6, 2006

Unbekannter Verfasser: Apnoetauchen – Extremsport im Reich der Wale. In: http://weltderwunder.de.msn.com/mensch-und-natur-article.aspx?cp-documentid=8565823

Unbekannter Verfasser: Äquator: Darum merkt man die Erddrehung nicht. In: www.wdr.de

Unbekannter Verfasser: Fettverbrennung – Trainingspause hilft beim Abnehmen. In: www.focus.de v. 18. 07. 2007

Unbekannter Verfasser: Bäume wachsen in der Stadt besser. In: www.3sat.de

Unbekannter Verfasser: Chronische Wunden – Biologische Wundreinigung durch Maden. In: www.medizin-aspekte.de

Unbekannter Verfasser: Dicke und Raucher billiger für Krankenkassen. In: www.express.de

Unbekannter Verfasser: Fische hinterlassen eine artspezifische Strömungsspur. In: www.3sat.de

Unbekannter Verfasser: Forscher neutralisieren das giftigste Gift. In: www.spiegel.de v. 06. 08. 2002

Unbekannter Verfasser: Gefährlicher Schrott – Wie Weltraummüll die Raumfahrt zum Risiko macht. In: http://weltderwunder.de.msn.com/weltraum-article.aspx?cp-documentid=14067055

Unbekannter Verfasser: VW Touareg zieht Jumbo-Jet. In: www.auto-kiste.de/psg/fotostrecken/hersteller.htm?make=volkswagen

Unbekannter Verfasser: Putzen, putzen und kein Ende. In: www.umweltbuero-weissensee.de/umwelt-blatt07.php

Unbekannter Verfasser: Jungfernzeugung dank dreifachem Chromosomensatz. In: www.scienceticker.info v. 09. 11. 2007

Unbekannter Verfasser: Klimakiller Kuh – Wie gefährlich sind die Rülpser der Wiederkäuer? In: www.sueddeutsche.de/wissen/825/325690/text/

Unbekannter Verfasser: Kohlenmonoxid. In: http://de.encarta.msn.
com

Unbekannter Verfasser: Kopfschmerzen durch Medikamente – Nur der
Entzug kann heilen. In: www.gesundheitpro.de

Unbekannter Verfasser: Medikamenten-induzierte Kopfschmerzen. In:
www.kliniken-koeln.de

Unbekannter Verfasser: Mexi – ein Computer mit Gefühlen. In: www.
weltderwunder.de v. 05.06.2008

Unbekannter Verfasser: Pflanzen haben Fieber. In: www.3sat.
de/nano/cstuecke/16872/index.html

Unbekannter Verfasser: Pilze. In: www.naturheilkunde-lexikon-eu

Unbekannter Verfasser: Pistolenkrebse verwenden Kavitation als
Navy-Schreck – High Noon auf dem Meeresgrund. In: www.nach-
lese.at

Verdet J.: Blitz, Hagel und Donnerwetter – Alles über Wind und Wetter. Ravensburger Verlag Ravensburg, 2005

Vetter C.: Mammakarzinom beim Mann – häufiger als angenommen.
In: Zahnärztliche Mitteilungen 19, 2007

Von Randow G.: Mein paranormales Fahrrad. Rowohlt-Verlag Reinbek, 1998

Voswinkel J.: Sommer am Kältepol. In: www.zeit.de v. 01.09.2006

Wallechinsky D., Wallace A.: Das große Buch der Listen – Wissens-
wertes, Kurioses und Überflüssiges. Ullstein-Verlag Berlin, 2006

Waller K.: Lexikon der klassischen Irrtümer. Eichborn-Verlag Frankfurt, 1999

Wehner R., Gehring W.: Zoologie. Thieme-Verlag Stuttgart, 2007

Wolke R.: Was Einstein seinem Friseur erzählte. Piper-Verlag München, 2003

Wolke R.: Woher weiß die Seife, was der Schmutz ist? Piper-Verlag
München, 2000

Zankl H.: Der große Irrtum – Wo die Wissenschaft sich täuschte.
Primus-Verlag Darmstadt, 2004

Zey R.: Lexikon der wissenswerten Nebensachen – Zeys Sammelsurium. Europa-Verlag Hamburg, 2005

Zittlau J.: Warum Robben kein Blau sehen und Elche ins Altersheim
gehen – Pleiten und Pannen im Bauplan der Natur. Econ-Verlag

Berlin, 2007

Jürgen Brater
Wie mein Hund die Biologie entdeckte
Von Photosynthese bis Immunsystem:
Ein Spaziergang durch das Leben

Band 17590

Warum sind rote Rosen rot? Warum sind Schimpansen mit
Menschen näher verwandt als mit Gorillas? Und was hat es
eigentlich mit Gentechnik und Stammzellen auf sich? Beim
täglichen Spaziergang mit seinem Hund Sina beobachtete
Dr. Jürgen Brater die Vorgänge und Veränderungen in der
Natur und erläutert anhand dessen, was er ein Jahr lang
Monat für Monat am Wegesrand sah, die vielfältigen Geheimnisse der Biologie. Dieses Buch informiert, erklärt und
ist vor allem – äußerst unterhaltsam!

Fischer Taschenbuch Verlag

New Scientist (Hg.)
100 Dinge, die Sie tun sollten,
solange Sie diesen Planeten bewohnen
Übersetzt von Sebastian Vogel

Band 17635

Sie leben nur einmal, also sollten Sie das Meiste daraus machen.

Warum nicht mal
· ein Gecko sein?
· Vanilleeis aus Flüssigstickstoff machen?
· Ihre eigene DNA extrahieren?
· über Lava gehen?
· eine vom Aussterben bedrohte Sprache lernen?
· mit Schokolade die Lichtgeschwindigkeit messen?
· mit weißen Haien schwimmen?
· in Dinosaurier-Spuren wandeln?

Und machen Sie sich keine Sorgen, wenn das Leben zu kurz erscheint. Es gibt auch noch ein paar Dinge, die man hinterher tun kann – zum Beispiel ein Autopsie-Modell für Medizinstudenten werden oder die eigene Asche in einen Diamanten verwandeln lassen …

Fischer Taschenbuch Verlag

Wie dick muss ich werden, um kugelsicher zu sein?

101 Antworten auf Fragen, die uns alle beschäftigen
Herausgegeben von Mick O'Hare
Aus dem Englischen von Sebastian Vogel

Band 17408

Witzig, absurd und ungewöhnlich: wissenschaftliche Kuriositäten, das uns die Welt aus neuer Perspektive zeigen.

Wie lange kann man nur von Bier leben? Warum ist es am Südpol kälter als am Nordpol? Wie viele Organismenarten leben auf dem menschlichen Körper? Und 98 Fragen mehr, deren Antworten Sie verblüffen werden.

Fischer Taschenbuch Verlag